职业教育**数字媒体应用**
人才培养系列教材

Photoshop CS6

图像处理 基础教程

·第6版·微课版·

石坤泉 汤双霞◎主编 韩森 高雪雯 李强◎副主编

人民邮电出版社

北 京

图书在版编目（CIP）数据

Photoshop CS6图像处理基础教程：微课版 / 石坤泉，汤双霞主编. -- 6版. -- 北京：人民邮电出版社，2023.10

职业教育数字媒体应用人才培养系列教材

ISBN 978-7-115-62571-7

Ⅰ. ①P… Ⅱ. ①石… ②汤… Ⅲ. ①图像处理软件—高等职业教育—教材 Ⅳ. ①TP391.413

中国国家版本馆CIP数据核字(2023)第162062号

内 容 提 要

本书全面、系统地介绍 Photoshop CS6 的基本操作方法和图形图像处理技巧，包括初识 Photoshop CS6、图像处理基础知识、绘制和编辑选区、绘制和修饰图像、编辑图像、调整图像的色彩和色调、图层的应用、文字的使用、图形与路径、通道的应用、滤镜效果、动作的制作及综合应用案例等内容。

本书以案例贯穿，在介绍完软件的基础知识和基本操作后，通过课堂案例帮助学生快速掌握软件的应用技巧，通过课后习题提高学生的实际应用能力。最后一章安排了取自专业设计公司的综合应用案例，旨在使学生融会贯通，有效提高学生的设计能力。

本书可作为高等职业院校 Photoshop 图像处理课程的教材，也可作为 Photoshop 初学者的参考书。

◆ 主　编　石坤泉　汤双霞

副主编　韩　森　高雪雯　李　强

责任编辑　王亚娜

责任印制　王　郁　焦志炜

◆ 人民邮电出版社出版发行　　北京市丰台区成寿寺路 11 号

邮编　100164　电子邮件　315@ptpress.com.cn

网址　https://www.ptpress.com.cn

天津千鹤文化传播有限公司印刷

◆ 开本：787×1092　1/16

印张：17.25　　　　　　　　2023 年 10 月第 6 版

字数：430 千字　　　　　　 2024 年 12 月天津第 3 次印刷

定价：69.80 元

读者服务热线：(010)81055256　印装质量热线：(010)81055316

反盗版热线：(010)81055315

广告经营许可证：京东市监广登字 20170147 号

Preface 前言

中国式现代化蕴含的独特世界观、价值观、历史观、文明观、民主观、生态观等及其伟大实践，是对世界现代化理论和实践的重大创新。新时代的中国青年，是伟大理想的追梦人，也是伟大事业的生力军。本书贯彻党的二十大精神，注重运用新时代的案例、素材优化教学内容，改进教学模式，引导大学生做爱国、励志、求真、力行的时代新人。

Photoshop 是由 Adobe 公司开发的图形图像处理和编辑软件。它功能强大、易学易用，深受图形图像处理爱好者和平面设计人员的喜爱。目前，我国很多高等职业院校的数字媒体艺术类专业都将Photoshop 列为一门重要的专业课程。为了帮助教师全面、系统地讲授这门课程，使学生能够熟练地使用 Photoshop 进行图像处理，我们几位长期从事 Photoshop 教学的教师共同编写了本书。

本书在第 5 版的基础上更新了软件版本和实例，具有完备的知识结构体系。在内容编写方面，我们力求细致全面、重点突出；在文字叙述方面，我们注意言简意赅、通俗易懂；在案例选取方面，我们强调案例的针对性和实用性。

为方便教师教学，本书提供书中所有案例的素材及效果文件，另外，本书还配备了微课视频、PPT课件、教学大纲、教案等丰富的教学资源，任课教师可到人邮教育社区（www.ryjiaoyu.com）免费下载。本书的参考学时为 64 学时，其中实训环节为 36 学时，各章的参考学时参见下面的学时分配表。

章号	课程内容	学时分配	
		讲授	实训
第 1 章	初识 Photoshop CS6	2	—
第 2 章	图像处理基础知识	2	—
第 3 章	绘制和编辑选区	2	2
第 4 章	绘制和修饰图像	2	2
第 5 章	编辑图像	2	2
第 6 章	调整图像的色彩和色调	2	4
第 7 章	图层的应用	2	4
第 8 章	文字的使用	2	4
第 9 章	图形与路径	2	4
第 10 章	通道的应用	2	4
第 11 章	滤镜效果	2	4
第 12 章	动作的制作	2	2
第 13 章	综合应用案例	4	4
学时总计		28	36

由于编者水平有限，书中难免存在不足之处，敬请广大读者批评指正。

编者

2023 年 6 月

本书教学辅助资源

素材类型	数量	素材类型	数量
教学大纲	1 套	课堂案例	32 个
电子教案	13 章	课后习题	16 个
PPT 课件	13 个	微课视频	72 个

配套视频列表

章	微课视频	章	微课视频
第 3 章 绘制和编辑选区	制作时尚彩妆类电商 Banner	第 7 章 图层的应用	制作风景合成图片
	制作沙发详情页主图		制作生活摄影公众号首页次图
	制作旅游出行公众号首图		制作家电网站首页 Banner
第 4 章 绘制和修饰图像	制作欢乐假期宣传海报插画	第 8 章 文字的使用	制作餐厅招牌面宣传单
	修复人物照片		制作家装网站首页 Banner
	清除照片中的涂鸦		制作服饰类 App 主页 Banner
	制作女装活动页 H5 首页	第 9 章 图形与路径	制作箱包类促销广告 Banner
	绘制时尚装饰画		制作音乐节装饰画
第 5 章 编辑图像	制作室内空间装饰画		制作中秋节庆海报
	制作旅游公众号首图	第 10 章 通道的应用	制作婚纱摄影类公众号运营海报
	为产品添加标识		制作女性健康公众号首页次图
	制作房地产类公众号信息图		制作活力青春公众号封面首图
第 6 章 调整图像的色彩和色调	修正详情页主图中偏色的图片	第 11 章 滤镜效果	制作汽车销售类公众号封面首图
	调整照片的色彩与明度		制作美妆护肤类公众号封面首图
	制作艺术化照片		制作素描图像
	制作传统美食公众号封面次图		制作彩妆网店详情页主图
	制作小寒节气宣传海报		制作摄影摄像类公众号封面首图
	制作数码摄影公众号封面首图		制作淡彩钢笔画
第 7 章 图层的应用	制作计算器图标		制作家用电器类公众号封面首图
	制作服装类 App 主页 Banner		

章	微课视频	章	微课视频
第 12 章 动作的制作	制作媒体娱乐类公众号封面首图	第 13 章 综合应用 案例	制作牙膏海报
	制作传统文化类公众号封面首图		制作化妆美容图书封面
	制作阅读类公众号封面次图		制作摄影摄像图书封面
第 13 章 综合应用 案例	制作时钟图标		制作花艺工坊图书封面
	制作记事本图标		制作冰淇淋包装
	制作画板图标		制作方便面包装
	制作女包类 App 主页 Banner		制作洗发水包装
	制作空调扇广告 Banner		制作生活家具类网站首页
	制作电商平台 App 主页 Banner		制作生活家具类网站详情页
	制作滋养精华露海报		制作生活家具类网站列表页
	制作实木双人床海报		

CONTENTS 目录

目录 CONTENTS

CONTENTS 目 录

目录 CONTENTS

CONTENTS 目录

目录 CONTENTS

第1章
初识 Photoshop CS6

本章介绍

本章将详细讲解 Photoshop CS6 的基础知识和基本操作。读者通过学习本章将对 Photoshop CS6 有初步的认识和了解，并能够掌握软件的基本操作方法，为以后的学习打下坚实的基础。

学习目标

- ✔ 了解 Photoshop CS6 工作界面的组成。
- ✔ 了解图像的显示效果。
- ✔ 了解图层的含义。

技能目标

- ✔ 熟练掌握文件的基本操作方法。
- ✔ 掌握图像和画布的尺寸设置技巧。
- ✔ 掌握不同的颜色设置技巧。
- ✔ 掌握图层的基本运用和恢复操作的方法。

素养目标

- ✔ 提高计算机操作水平。
- ✔ 培养对图像处理的兴趣。

1.1 Photoshop CS6 的系统要求

在使用 Photoshop CS6 制作图像的过程中，不仅有大量的信息需要存储，而且每一步操作都需要经过复杂的计算，才能改变图像的效果。所以，计算机的配置对 Photoshop CS6 的运行速度有着直接的影响。要使 Photoshop CS6 正常运行，对计算机系统的基本要求如下。

- 配有 Intel Pentium 4、AMD Athlon 64 或更高级的处理器。
- 具有 2GB 以上的内存。

- 具有 80GB 以上的可用硬盘空间。
- 配有 16 位颜色或更高级视频卡的彩色显示器。
- 配有 1024 像素×768 像素或更高的显示器分辨率。
- 配有鼠标或其他定位设备。
- 采用 Windows XP 或 Windows 7 操作系统。
- 配有 DVD-ROM 驱动器。

如果要从事平面设计工作，在系统配置上要尽量选择高配置。应该配置高性能的真彩色适配卡，显存要大于 512MB，这样才能在处理高质量的图像时提高显示速度。内存的容量也要尽量增加，这样可以明显地提高处理图像的速度。硬盘空间必须充足，因为高质量图像的存储和处理需要大的硬盘空间。

1.2 工作界面的组成

使用工作界面是学习 Photoshop CS6 的基础。熟练掌握工作界面的组成内容，有助于广大初学者日后得心应手地使用 Photoshop CS6。

Photoshop CS6 的工作界面主要由菜单栏、属性栏、工具箱、控制面板和状态栏组成，如图 1-1 所示。

图 1-1

1.2.1 菜单栏及其快捷方式

Photoshop CS6 的菜单栏中包括 "文件" 菜单、"编辑" 菜单、"图像" 菜单、"图层" 菜单、"文字" 菜单、"选择" 菜单、"滤镜" 菜单、"3D" 菜单、"视图" 菜单、"窗口" 菜单及 "帮助" 菜单，如图 1-2 所示。

图 1-2

选择命令来管理和操作软件有以下几种方法。

● 使用鼠标选择需要的命令。单击菜单名，在打开的菜单中选择需要的命令。打开图像，在工具箱中选择不同的工具，用鼠标右键单击图像区域，将弹出不同的快捷菜单，可以选择快捷菜单中的命令对图像进行编辑。例如选择"矩形选框"工具 后，用鼠标右键单击图像区域，弹出的快捷菜单如图 1-3 所示。

图 1-3

● 使用快捷键选择需要的命令。例如要选择"文件 > 打开"命令，直接按 Ctrl+O 组合键即可。

● 自定义键盘快捷方式。为了更方便地使用常用的命令，Photoshop CS6 为用户提供了自定义键盘快捷方式、保存键盘快捷方式的功能。

选择"编辑 > 键盘快捷键"命令，或按 Alt+Shift+Ctrl+K 组合键，弹出"键盘快捷键和菜单"对话框，如图 1-4 所示。对话框下面的信息栏中说明了快捷键的设置方法，在"组"下拉列表中可以选择使用哪种快捷键设置，在"快捷键用于"下拉列表中可以选择需要设置快捷键的命令或工具，也可以在下面的表格中选择需要的命令或工具进行设置，如图 1-5 所示。

图 1-4

图 1-5

需要修改快捷键设置时，单击"键盘快捷键和菜单"对话框中的"根据当前的快捷键组创建一组新的快捷键"按钮 ，弹出"存储"对话框，如图 1-6 所示。在"文件名"文本框中输入名称，单击"保存"按钮，保存新的快捷键设置。这时，在"组"下拉列表中就可以选择新的快捷键设置了，如图 1-7 所示。

图 1-6   图 1-7

更改快捷键设置后，需要单击"存储对当前快捷键组的所有更改"按钮对设置进行存储，单击"确定"按钮，应用更改的快捷键设置。如果要将快捷键设置删除，可以在"键盘快捷键和菜单"对话框中单击"删除当前的快捷键组合"按钮，Photoshop CS6 会将其自动还原为默认状态。

1.2.2 工具箱

Photoshop CS6 的工具箱提供了强大的工具，包括选择工具、绘图工具、填充工具、编辑工具、颜色选择工具、屏幕视图工具、快速蒙版工具等，如图 1-8 所示。

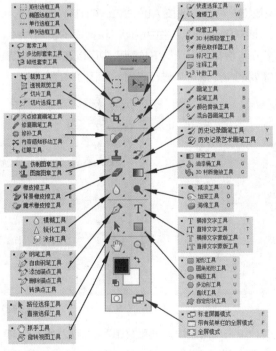

图 1-8

1. 选择工具箱中的默认工具

选择工具箱中的默认工具有以下两种方法。

- 使用鼠标选择默认工具。单击工具箱中的工具，即可快速选择该工具。
- 使用快捷键选择默认工具。直接按工具对应的快捷键，即可快速选择工具。例如要选择"移动"工具 ，可以直接按 V 键。

2. 选择工具箱中的隐藏工具

在工具箱中，有的工具图标的右下方有一个黑色的小三角形 ，表示这是有隐藏工具的工具组，如图 1-8 所示。选择工具箱中的隐藏工具有以下两种方法。

- 使用鼠标选择隐藏工具。在工具箱中有黑色小三角形的工具图标上按住鼠标左键不放，弹出隐藏的工具选项。将鼠标指针移动到需要的工具图标上，单击即可选择该工具。例如，要选择"磁性套索"工具 ，可先将鼠标指针移动到"套索"工具图标 上，按住鼠标左键不放，弹出隐藏的套索工具选项，如图 1-9 所示，将鼠标指针移动到"磁性套索"工具图标 上，单击即可选择"磁性套索"工具 。

图 1-9

- 配合按键选择隐藏工具。按住 Alt 键的同时反复单击有黑色小三角形的工具图标，就会循环出现每个隐藏的工具图标。按住 Shift 键的同时反复按工具对应的快捷键，也会循环出现每个隐藏的工具图标。

3. 改变图像中鼠标指针的形状

改变图像中鼠标指针的形状有以下两种方法。

- 选择工具箱中的工具。当选择工具箱中的工具后，图像中的鼠标指针就会变为工具图标或带有工具图标，如图 1-10 所示。

图 1-10

- 按快捷键。反复按 Caps Lock 键，可以使鼠标指针在工具图标和十字形之间切换。

1.2.3 属性栏

选择工具箱中的任意一个工具后，Photoshop CS6 的工作界面中都会出现相对应的属性栏。例如，选择工具箱中的"套索"工具 ，会出现该工具的属性栏，如图 1-11 所示。

图 1-11

1.2.4　状态栏

在 Photoshop CS6 中，状态栏显示在图像窗口的底部。状态栏的左侧是当前图像的缩放比例；状态栏的中间部分是图像的文件信息，单击黑色三角形图标▶，在弹出的菜单中可以选择要显示的当前图像的相关信息，如图 1-12 所示。

图 1-12

1.2.5　控制面板

Photoshop CS6 的控制面板是处理图像时不可或缺的部分。打开 Photoshop CS6，可以看到 Photoshop CS6 的界面为用户提供了多个控制面板和控制面板组，如图 1-13 所示。

在这些控制面板组中，通过切换各控制面板的选项卡可以选择其他控制面板。如果控制面板组的右下角有▦图标，那么在▦图标上按住鼠标左键不放，即可拖曳放大或缩小该控制面板组。

图 1-13

1.　选择控制面板

选择控制面板有以下几种方法。

- 在"窗口"菜单中选择控制面板对应的命令，可选择控制面板。
- 使用快捷键选择控制面板。按 F6 键，可选择"颜色"控制面板；按 F7 键，可选择"图层"控制面板；按 F8 键，可选择"信息"控制面板。
- 使用鼠标选择控制面板。在打开的控制面板组中，单击要使用的控制面板选项卡，将切换到对应的控制面板中。

如果想单独使用某个控制面板，可以在控制面板组中需要的控制面板选项卡上按住鼠标左键不放，拖曳选项卡到其他位置，此时松开鼠标左键将出现一个单独的控制面板，如图 1-14 和图 1-15 所示。如果想将控制面板移动到其他控制面板组中，也可以使用这种方法，如图 1-16 和图 1-17 所示。

图 1-14

图 1-15

拖曳控制面板的选项卡到另一个控制面板的下方，当出现一条蓝色粗线时，如图 1-18 所示，松开鼠标左键即可将两个控制面板连接在一起，效果如图 1-19 所示。

图 1-16

图 1-17

图 1-18

图 1-19

2. 显示或隐藏控制面板

显示或隐藏控制面板有以下两种方法。

- 在"窗口"菜单中选择控制面板对应的命令，可显示或隐藏控制面板。
- 使用快捷键显示或隐藏控制面板。反复按 Tab 键，可显示或隐藏工具箱和控制面板；反复按 Shift+Tab 组合键，可显示或隐藏控制面板。

3. 自定义工作区

用户可以依据个人习惯自定义工作区、存储控制面板及设置工具的排列方式，设计出个性化的 Photoshop CS6 界面。

选择"窗口 > 工作区 > 新建工作区"命令，如图 1-20 所示。弹出"新建工作区"对话框，如图 1-21 所示，输入名称，单击"存储"按钮，即可存储图 1-20 所示的自定义工作区。

图 1-20

图 1-21

使用自定义工作区时，在"窗口 > 工作区"子菜单中选择新保存的工作区名称即可。如果想要恢复使用 Photoshop CS6 默认的工作区，可以选择"窗口 > 工作区 > 复位调板位置"命令。选择"窗口 > 工作区 > 删除工作区"命令，可以删除自定义的工作区。

1.3 新建和打开图像文件

如果要在一个空白的区域中绘图，就要在 Photoshop CS6 中新建一个图像文件；如果要对图像进行修改和处理，就要在 Photoshop CS6 中打开对应的图像文件。

1.3.1 新建图像文件

新建图像文件是使用 Photoshop CS6 进行设计的第一步。启用"新建"命令有以下两种方法。

- 选择"文件 > 新建"命令。
- 按 Ctrl+N 组合键。

启用"新建"命令，将弹出"新建"对话框，如图 1-22 所示。

在对话框中，"名称"文本框用于输入新建图像文件的名称，"预设"下拉列表用于自定义或选择其他固定格式文件的大小，"宽度"和"高度"数值框用于输入需要设置的宽度和高度数值，"分辨率"数值框用于输入需要设置的分辨率数值，"颜色模式"下拉列表用于选择颜色模式，"背景内容"下拉列表用于设置图像文件的背景颜色。

单击"高级"按钮 ⊗，弹出新选项。其中，"颜色配置文件"下拉列表用于设置文件的颜色配置方式，"像素长宽比"下拉列表用于设置文件中的像素比方式，信息栏中"图像大小"下面显示的是当前文件的大小。设置好后，单击"确定"按钮，即可完成新建图像文件的任务，如图 1-23 所示。

图 1-22

图 1-23

提示

每英寸像素数越大，图像文件也就越大。应根据工作需要设置合适的分辨率。

1.3.2 打开图像文件

打开图像文件是使用 Photoshop CS6 对原有图像进行修改的第一步。

1. 使用菜单命令或快捷键打开图像文件

启用"打开"命令有以下几种方法。

- 选择"文件 > 打开"命令。
- 按 Ctrl+O 组合键。
- 直接在 Photoshop CS6 的空白区域中双击。

启用"打开"命令，将弹出"打开"对话框，如图 1-24 所示。在对话框中搜索路径和文件，确认文件类型和名称，然后单击"打开"按钮，或直接双击图像文件，即可打开指定的图像文件，如图 1-25 所示。

图 1-24   图 1-25

技巧

      在"打开"对话框中，可以同时打开多个图像文件。只要在文件列表中将所需的多个图像文件选中，单击"打开"按钮，Photoshop CS6 就会按先后次序逐个打开这些图像文件，而无须多次调用"打开"对话框。在"打开"对话框中，按住 Ctrl 键的同时单击，可以选择不连续的图像文件；按住 Shift 键的同时单击，可以选择连续的图像文件。

2. 使用"在 Bridge 中浏览"命令打开图像文件

启用"在 Bridge 中浏览"命令有以下两种方法。

●   选择"文件 > 在 Bridge 中浏览"命令。

●   按 Alt+Ctrl+O 组合键。

启用"在 Bridge 中浏览"命令，系统将弹出"文件浏览器"窗口，如图 1-26 所示。

在"文件浏览器"窗口中可以直观地浏览和检索图像文件，双击选中的图像文件即可在 Photoshop CS6 界面中打开该文件。

图 1-26

3. 打开最近使用过的图像文件

如果要打开最近使用过的图像文件，可以选择"文件 > 最近打开文件"命令，系统会弹出最近打开过的文件菜单供用户选择。

1.4 保存和关闭图像文件

对图像的编辑操作完成后，就需要对图像文件进行保存。对于暂时不用的图像文件，保存后就可以将它关闭。

1.4.1 保存图像文件

编辑完图像后，就需要对图像文件进行保存。启用"存储"命令有以下几种方法。

● 选择"文件 > 存储"命令。

● 按 Ctrl+S 组合键。

当对设计好的作品进行第一次存储时，启用"存储"命令，系统将弹出"存储为"对话框，如图 1-27 所示。在对话框中，输入文件名并选择文件格式，单击"保存"按钮，即可将图像文件保存。

图 1-27

提示

> 当对图像文件进行了各种编辑操作后，启用"存储"命令，系统不会弹出"存储为"对话框，计算机会直接保留最终确认的结果，并覆盖原始文件。因此，在未确定要放弃原始文件之前，应慎用此命令。

若既要保留修改过的文件，又不想放弃原始文件，则可以使用"存储为"命令。启用"存储为"命令有以下几种方法。

● 选择"文件 > 存储为"命令。

● 按 Shift+Ctrl+S 组合键。

启用"存储为"命令，系统将弹出"存储为"对话框，在对话框中，可以为更改过的文件重新命名、选择保存路径和设置格式，然后进行保存。原始文件保持不变。

"存储选项"选项组中一些选项的功能如下。

勾选"作为副本"复选框时，可将处理的文件保存为该文件的副本。勾选"Alpha 通道"复选框时，可保存带有 Alpha 通道的文件。勾选"图层"复选框时，可将图层和文件同时保存。勾选"注释"复选框时，可保存带有批注的文件。勾选"专色"复选框时，可保存带有专色通道的文件。勾选"使用小写扩展名"复选框时，将使用小写的扩展名保存文件；不勾选该复选框时，将使用大写的扩展名保存文件。

1.4.2 关闭图像文件

保存图像文件后，就可以将其关闭了。关闭图像文件有以下几种方法。

● 选择"文件 > 关闭"命令。

● 按 Ctrl+W 组合键。

● 单击图像窗口右上方的"关闭"按钮 ❌ 。

关闭图像文件时，若当前文件被修改过或是新建的文件，则系统会弹出一个提示框，如图 1-28 所示，询问用户是否进行保存，单击"是"按钮将保存图像文件。

图 1-28

如果要将打开的图像文件全部关闭，可以选择"文件 > 关闭全部"命令。

1.5 图像的显示效果

使用 Photoshop CS6 编辑和处理图像时，可以通过改变图像的显示比例来使工作变得更加便捷、高效。

1.5.1 100%显示图像

100%显示图像的效果如图 1-29 所示。在此状态下可以对图像进行精确的编辑。

1.5.2 放大显示图像

放大显示图像有利于观察图像的局部细节并更准确地编辑图像。放大显示图像有以下几种方法。

● 使用"缩放"工具 🔍 。选择工具箱中的"缩放"工具 🔍 ，

图 1-29

图像中鼠标指针会变为放大工具图标 ⊕ ，每单击一次，图像就会放大一倍。例如，图像以 100% 的比例显示在屏幕上，单击一次，则图像的显示比例变成 200%，再单击一次，则变成 300%，如图 1-30 和图 1-31 所示。当要放大一个指定的区域时，先选择"缩放"工具 🔍 ，然后把鼠标指针定位在要放大的区域，按住鼠标左键并拖动，使画出的矩形框选住所需的区域，然后松开鼠标左键，这个区域就会放大显示并填满图像窗口，如图 1-32 和图 1-33 所示。

图 1-30   图 1-31   图 1-32   图 1-33

● 使用快捷键。按 Ctrl + +组合键，可逐次地放大图像。

● 使用属性栏。如果希望将图像窗口放大填满整个屏幕，可以在"缩放"工具  的属性栏中勾选"调整窗口大小以满屏显示"复选框，再单击"适合屏幕"按钮，如图 1-34 所示。这样在放大图像时，图像窗口就会和屏幕的尺寸相适应，效果如图 1-35 所示。单击"实际像素"按钮，图像会以实际的像素比例显示；单击"打印尺寸"按钮，图像会以打印分辨率显示。

图 1-34

图 1-35

● 使用"导航器"控制面板。用户也可以在"导航器"控制面板中对图像进行缩放。单击控制面板右下角的 图标，可逐次地放大图像。单击控制面板左下角的 图标，可逐次地缩小图像。拖曳滑块可以自由地将图像放大或缩小。在左下角的数值框中直接输入数值后，按 Enter键确认，也可以将图像放大或缩小，如图 1-36 ~ 图 1-38 所示。

图 1-36

图 1-37

图 1-38

技巧 直接双击"抓手"工具，可以把整个图像放大成"满画布显示"效果。当正在使用工具箱中的其他工具时，按住 Ctrl+Spacebar（空格）组合键，可以快速调用"放大"工具进行放大显示的操作。

1.5.3 缩小显示图像

缩小显示图像，一方面可以用有限的屏幕空间显示出更多的图像，另一方面可以看到一个较大图像的全貌。缩小显示图像有以下几种方法。

- 使用"缩放"工具。选择工具箱中的"缩放"工具，图像中鼠标指针会变为放大工具图标，按住 Alt 键，则鼠标指针会变为缩小工具图标。每单击一次，图像将缩小一级显示，如图 1-39 所示。

图 1-39

- 使用属性栏。在"缩放"工具的属性栏中单击"缩小"工具按钮，如图 1-40 所示，则屏幕上的鼠标指针会变为缩小工具图标。每单击一次，图像将缩小一级显示。

图 1-40

- 使用快捷键。按 Ctrl + –组合键，可逐次地缩小图像。

技巧 当正在使用工具箱中的其他工具时，按住 Alt+Spacebar（空格）组合键，可以快速调用"缩小"工具进行缩小显示的操作。

1.5.4 全屏显示图像

全屏显示图像可以更好地观察图像的整体效果。全屏显示图像有以下两种方法。

- 单击工具箱中的"更改屏幕模式"按钮，弹出屏幕模式菜单，其中包括标准屏幕模式、带有菜单栏的全屏模式和全屏模式。
- 使用快捷键。反复按 F 键，可以切换不同的屏幕模式，如图 1-41 ～ 图 1-43 所示。按 Tab 键，可以关闭除图像和菜单外的其他控制面板，效果如图 1-44 所示。

图 1-41

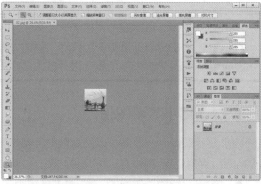

图 1-42

图 1-43

图 1-44

1.5.5　以图像窗口的形式显示

当打开多个图像文件时，会出现多个图像窗口，这时就需要对窗口进行布置和摆放。

双击 Photoshop CS6 界面，弹出"打开"对话框。在"打开"对话框中按住 Ctrl 键单击要打开的文件，如图 1-45 所示，然后单击"打开"按钮，效果如图 1-46 所示。

图 1-45

图 1-46

将鼠标指针放在图像窗口的标题栏上，拖曳图像窗口到屏幕的任意位置，如图 1-47 所示。

图 1-47

选择"窗口 > 排列 > 层叠"或"平铺"命令，效果如图 1-48 和图 1-49 所示。

图 1-48

图 1-49

1.5.6　观察放大图像

可以将图像放大以便观察。选择工具箱中的"缩放"工具，在图像中的鼠标指针变为放大工具图标后，放大图像，图像周围会出现滚动条。

观察放大图像有以下两种方法。

● 应用"抓手"工具。选择工具箱中的"抓手"工具，图像中鼠标指针会变为手形，在放大的图像中拖曳，可以观察图像的每个部分，效果如图 1-50 所示。

● 拖曳滚动条。直接用鼠标拖曳图像周围的垂直滚动条或水平滚动条，可以观察图像的每个部分，效果如图 1-51 所示。

图 1-50

图 1-51

技巧 | 如果正在使用其他工具进行工作，按住 Spacebar（空格）键，可以快速切换为"抓手"工具。

1.6 标尺、参考线和网格线的设置

标尺、参考线和网格线可以使图像处理变得更加精确。许多实际设计任务中的问题也需要使用标尺和网格线来解决。

1.6.1 标尺的设置

设置标尺可以精确地编辑和处理图像。选择"编辑 > 首选项 > 单位与标尺"命令，打开"首选项"对话框，如图 1-52 所示。"单位"选项组用于设置标尺和文字的显示单位，有不同的显示单位可供选择；"列尺寸"选项组可以用来精确确定图像的尺寸；"点/派卡大小"选项组则与输出有关。

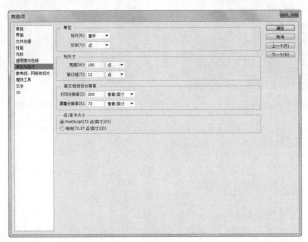

图 1-52

选择"视图 > 标尺"命令，或反复按 Ctrl+R 组合键，可以显示标尺（见图 1-53）或隐藏标尺（见图 1-54）。

图 1-53

图 1-54

将鼠标指针放在标尺的原点处，如图 1-55 所示。按住鼠标左键不放，拖曳到适当的位置，如图 1-56 所示，松开鼠标左键，标尺的原点就会处于鼠标指针移动到的位置，如图 1-57 所示。

图 1-55   图 1-56   图 1-57

1.6.2 参考线的设置

设置参考线可以使编辑图像的位置更加精确。将鼠标指针放在水平标尺上，按住鼠标左键不放，可以拖曳出水平的参考线，效果如图 1-58 所示。将鼠标指针放在垂直标尺上，按住鼠标左键不放，可以拖曳出垂直的参考线，效果如图 1-59 所示。

图 1-58   图 1-59

技巧

      按住 Alt 键，可以从水平标尺中拖曳出垂直参考线，也可以从垂直标尺中拖曳出水平参考线。

选择"视图 > 显示 > 参考线"命令（只有在参考线存在的前提下此命令才能选择），或反复按 Ctrl +; 组合键，可以将参考线显示或隐藏。

选择工具箱中的"移动"工具 ，将鼠标指针放在参考线上，鼠标指针将变为 或 形状，按住鼠标左键拖曳可以移动参考线。

选择"视图 > 锁定参考线"命令或按 Alt+Ctrl+; 组合键，可以将参考线锁定，锁定后参考线便不能移动了。选择"视图 > 清除参考线"命令，可以将参考线清除。选择"视图 > 新建参考线"命令，弹出"新建参考线"对话框，如图 1-60 所示，设置相关选项后单击"确定"按钮，图像中会出现新建的参考线。

图 1-60

1.6.3　网格线的设置

设置网格线可以更精确地处理图像，设置方法如下。

选择"编辑 > 首选项 > 参考线、网格和切片"命令，打开"首选项"对话框，如图 1-61 所示。"参考线"选项组用于设置参考线的颜色和样式；"网格"选项组用于设置网格的颜色、样式，以及网格线的间隔和子网格等；"切片"选项组用于设置线条颜色和显示切片编号。

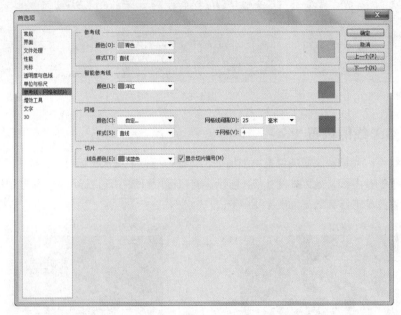

图 1-61

打开一个图像，如图 1-62 所示，选择"视图 > 显示 > 网格"命令，可以显示网格，如图 1-63 所示。反复按 Ctrl+'组合键，可以显示或隐藏网格。

图 1-62

图 1-63

1.7　图像和画布尺寸的调整

在完成平面设计任务的过程中，经常需要调整图像尺寸。下面具体讲解图像和画布尺寸的调整方法。

1.7.1　图像尺寸的调整

打开一个图像，如图 1-64 所示。选择"图像 > 图像大小"命令，系统将弹出"图像大小"对话框，如图 1-65 所示。

图 1-64　　　　　　　　　　　　　　　　图 1-65

可以通过"像素大小"选项组改变宽度和高度的数值，以改变在屏幕上显示的图像大小。可以通过"文档大小"选项组改变宽度、高度和分辨率的数值，以改变图像的文档大小，图像的尺寸也会发生相应的改变。若勾选"约束比例"复选框，则"宽度"和"高度"选项右侧会出现锁链图标，表示改变其中一项设置时，另一项也会改变。若不勾选"重定图像像素"复选框，则像素大小将不会发生变化，此时"文档大小"选项组中的"宽度""高度""分辨率"选项右侧将出现锁链图标，改变其中一项设置时，另两项也会同时改变，如图 1-66 所示。

单击"自动"按钮，弹出"自动分辨率"对话框，系统将自动调整图像的分辨率和品质效果，如图 1-67 所示。在"图像大小"对话框中，也可以改变数值的计量单位，如图 1-68 所示。

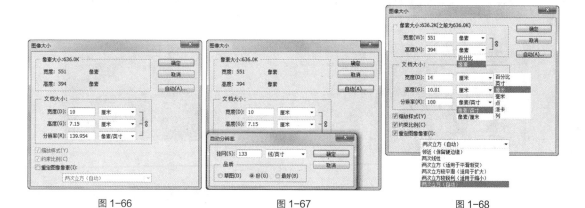

图 1-66　　　　　　　　　　　图 1-67　　　　　　　　　　　图 1-68

1.7.2　画布尺寸的调整

画布尺寸是指当前图像周围的工作空间的大小。

选择"图像 > 画布大小"命令，系统将弹出"画布大小"对话框，如图 1-69 所示。"当前大小"选项组用于显示当前文件的大小和尺寸；"新建大小"选项组用于重新设置图像画布的尺寸；"定位"选项用于调整图像在新画面中的位置，如居中、偏左或偏右上等，如图 1-70 所示。

图 1-69

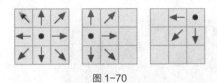

图 1-70

调整画布大小的对比效果如图 1-71 所示。

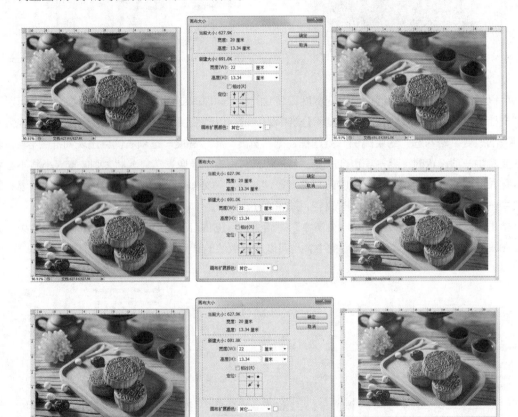

图 1-71

在"画布扩展颜色"下拉列表中可以选择填充图像周围工作空间的颜色，如前景色、背景色或 Photoshop CS6 中的默认颜色，如图 1-72 所示；也可以自己定义所需颜色，效果如图 1-73 所示。

图 1-72

图 1-73

1.8 设置绘图颜色

在 Photoshop CS6 中，可以根据设计和绘图的需要设置多种不同的颜色。

1.8.1 使用色彩控制工具设置颜色

工具箱中的色彩控制工具可以用于设置前景色和背景色。单击切换图标↰或按 X 键可以互换前景色和背景色；单击初始化图标⬚，可以使前景色和背景色恢复到初始状态，前景色为黑色、背景色为白色；单击前景色或背景色按钮，系统将弹出图 1-74 所示的"拾色器"对话框，可以在此选取颜色。

在"拾色器"对话框中设置颜色有以下几种方法。

● 使用滑块和颜色选择区选择颜色。在颜色选择区内单击或拖曳滑块，如图 1-75 所示，都可以使颜色的色相产生变化。

图 1-74   图 1-75

在"拾色器"对话框左侧的颜色选择区中，可以选择颜色的明度和饱和度，垂直方向表示的是明度的变化，水平方向表示的是饱和度的变化。

选择好颜色后，对话框右侧上方的颜色框中会显示所选择的颜色，下方是所选择颜色的 HSB、RGB、CMYK、Lab 值，单击"确定"按钮，所选择的颜色将变为工具箱中的前景色或背景色。

● 使用"颜色库"按钮选择颜色。在"拾色器"对话框中单击"颜色库"按钮，弹出"颜色库"对话框，如图 1-76 所示。在"颜色库"对话框中，"色库"下拉列表中是一些常用的印刷颜色体系，如图 1-77 所示。其中"TRUMATCH"是为印刷设计提供服务的印刷颜色体系。

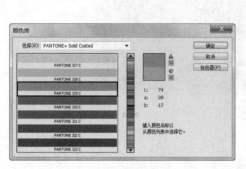

图 1-76

图 1-77

在颜色选择区内单击或拖曳滑块，可以使颜色的色相产生变化。在颜色选择区中选择带有编码的颜色，对话框右侧上方的颜色框中会显示所选择的颜色，下方会显示所选的颜色值。

选择好颜色后，单击"拾色器"按钮，返回"拾色器"对话框。

- 通过输入数值选择颜色。在"拾色器"对话框中，右侧下方的 HSB、RGB、CMYK、Lab 颜色模式右侧都有可以输入数值的数值框，在其中输入所需颜色的数值也可以选择该颜色。

勾选对话框左下方的"只有 Web 颜色"复选框，颜色选择区中将出现供网页使用的颜色，如图 1-78 所示，右侧的 # 33cccc 中显示的是网页颜色的数值。

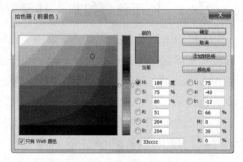

图 1-78

1.8.2 使用"吸管"工具和"颜色取样器"工具设置颜色

可以使用"吸管"工具和"颜色取样器"工具吸取图像中的颜色来确定要设置的颜色。下面讲解具体的设置方法。

1. "吸管"工具

使用"吸管"工具 可以在图像或"颜色"控制面板中吸取颜色，并可在"信息"控制面板中观察像素的色彩信息。选择"吸管"工具 ，属性栏的显示如图 1-79 所示。在"吸管"工具 的属性栏中，"取样大小"选项用于设置取样点的大小。

图 1-79

启用"吸管"工具 有以下两种方法。

- 单击工具箱中的"吸管"工具 。
- 按 I 键或反复按 Shift+I 组合键。

打开一个图像，启用"吸管"工具 ，在图像中需要的位置单击，前景色将变为吸管吸取的颜色，在"信息"控制面板中可以观察到吸取颜色的色彩信息，如图 1-80 所示。

图 1-80

2. "颜色取样器"工具

使用"颜色取样器"工具 ![]可以在图像中对需要的颜色进行取样，最多可以对 4 种颜色进行取样。取样的结果会出现在"信息"控制面板中。使用"颜色取样器"工具 ![]可以获得更多的色彩信息。选择"颜色取样器"工具 ![]，属性栏的显示如图 1-81 所示。

图 1-81

启用"颜色取样器"工具 ![]有以下两种方法。

● 单击工具箱中的"颜色取样器"工具 ![]。

● 反复按 Shift+I 组合键。

打开一个图像，启用"颜色取样器"工具 ![]，在图像中需要的位置单击 4 次，"信息"控制面板中将记录下 4 次取样的色彩信息，如图 1-82 所示。

图 1-82

将鼠标指针放在取样点中，鼠标指针会变成移动图标，按住鼠标左键不放，拖动鼠标可以将取样点移动到适当的位置，移动后"信息"控制面板中的色彩信息会改变，如图 1-83 所示。

图 1-83

> **技巧**　　单击"颜色取样器"工具 ![icon] 的属性栏中的"清除"按钮，或按住 Alt 键的同时单击取样点，可以删除取样点。

1.8.3　使用"颜色"控制面板设置颜色

"颜色"控制面板可以用来改变前景色和背景色。选择"窗口 > 颜色"命令，系统将弹出"颜色"控制面板，如图 1-84 所示。

图 1-84

在控制面板中，可先单击左侧的前景色或背景色按钮以确定所调整的是前景色还是背景色，然后拖曳滑块或在色带中选择所需的颜色，或直接在颜色的数值框中输入数值来调整颜色。

单击控制面板右上方的 ![icon] 图标，系统将弹出"颜色"控制面板的菜单。此菜单用于设置控制面板中显示的颜色模式，可以在不同的颜色模式中调整颜色。

1.8.4　使用"色板"控制面板设置颜色

"色板"控制面板可以用来选取一种颜色以改变前景色或背景色。选择"窗口 > 色板"命令，系统将弹出"色板"控制面板，如图 1-85 所示。

此外，单击控制面板右上方的 ![icon] 图标，系统将弹出"色板"控制面板的菜单，如图 1-86 所示。

图 1-85　　　　　　　　　　　　　图 1-86

"新建色板"命令用于新建一个色板。"小缩览图"命令可使控制面板显示为小图标形式。"小列表"命令可使控制面板显示为小列表形式。"预设管理器"命令用于对色板中的颜色进行管理。"复位色板"命令用于恢复系统的初始设置。"载入色板"命令用于向"色板"控制面板中增加色板文件。"存储色板"命令用于保存当前"色板"控制面板中的色板文件。"替换色板"命令用于替换"色板"

控制面板中现有的色板文件。"ANPA 颜色"及其下方是系统配置的颜色库。

设置前景色。在"色板"控制面板中，将鼠标指针移到空白处，鼠标指针会带有油漆桶图标，如图 1-87 所示。此时单击，系统将弹出"色板名称"对话框，如图 1-88 所示。单击"确定"按钮，就可将前景色添加到"色板"控制面板中，如图 1-89 所示。

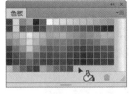  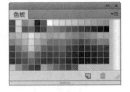

图 1-87 图 1-88 图 1-89

在"色板"控制面板中，将鼠标指针移到颜色处，鼠标指针会变为吸管图标，如图 1-90 所示。此时单击，将设置吸取的颜色为前景色，如图 1-91 所示。

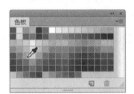

图 1-90 图 1-91

技巧

在"色板"控制面板中，按住 Alt 键并将鼠标指针移到颜色处，鼠标指针会变为剪刀图标，此时单击将删除该颜色。

1.9 了解图层的含义

在 Photoshop CS6 中，图层有着非常重要的作用，要对图像进行编辑就离不开图层。

选择"文件 > 打开"命令，弹出"打开"对话框，选择需要的图像文件，如图 1-92 所示。单击"打开"按钮，将图像文件在 Photoshop CS6 中打开，效果如图 1-93 所示。

图 1-92 图 1-93

打开图像文件后，"图层"控制面板中已经有了多个图层，每个图层左侧都有一个小的缩略图，如图 1-94 所示。若只想看到背景层上的图像，则可依次在其他图层的眼睛图标 👁 上单击，将其他图层隐藏，如图 1-95 所示。此时图像窗口中只显示背景层中的图像效果，如图 1-96 所示。

图 1-94

图 1-95

图 1-96

在"图层"控制面板中，上层的图像会以一定的方式覆盖下层的图像，这些图层重叠在一起并显示在图像窗口中，形成一个完整的图像。Photoshop CS6 中的图层底部是背景层，往上都是透明层，每一层都可以放置不同的图像，上面的图层将影响下面的图层，修改其中某一图层不会改变其他图层。

1.9.1 认识"图层"控制面板

"图层"控制面板用来编辑图层，从而制作出特殊的效果。打开一个图像，选择"窗口 > 图层"命令，或按 F7 键，系统将弹出"图层"控制面板，如图 1-97 所示。

图 1-97

"图层"控制面板上方的两个系统按钮 ◀◀ ✕ 分别是"折叠为图标"按钮和"关闭"按钮。单击"折叠为图标"按钮 ◀◀ 可以折叠"图层"控制面板，单击"关闭"按钮 ✕ 可以关闭"图层"控制面板。

在控制面板中，选项 用于设置图层的混合模式，其下拉列表中包含 20 多种图层混合模式。

"不透明度"选项用于设置图层的不透明度。"填充"选项用于设置图层的填充百分比。眼睛图标 👁 用于显示或隐藏图层中的内容。"链接图层"按钮 ∞ 表示图层与图层之间的链接关系。图标 **T** 表示图层为可编辑的文字图层。图标 _fx_ 为图层效果图标。

"图层"控制面板中有 4 个工具按钮图标，如图 1-98 所示。从左至右依次是：

锁定: ☒ ✓ ✛ 🔒

图 1-98

"锁定透明像素"按钮 ☒、"锁定图像像素"按钮 ✓、"锁定位置"按钮 ✛ 和"锁定全部"按钮 🔒。

"锁定透明像素"按钮 ☒ 用于锁定当前图层的透明区域，使透明区域不能被编辑。"锁定图像像素"按钮 ✓ 可使当前图层和透明区域不能被编辑。"锁定位置"按钮 ✛ 可使当前图层不能被移动。"锁定全部"按钮 🔒 可使当前图层或序列完全被锁定。

"图层"控制面板的最下方有 7 个工具按钮图标，如图 1-99 所示。

∞ _fx_ ◉ ◔ ▭ ◻ 🗑

图 1-99

从左至右依次是："链接图层"按钮 ∞、"添加图层样式"按钮 _fx_、"添加图层蒙版"按钮 ◉、"创建新的填充或调整图层"按钮 ◔、"创建新组"按钮 ▭、"创建新图层"按钮 ◻ 和"删除图层"按钮 🗑。

"链接图层"按钮 ∞ 能使所选图层和当前图层成为一组，当对一个链接图层进行操作时，将影响

一组链接图层。"添加图层样式"按钮 **fx.** 能为当前图层添加样式效果。"添加图层蒙版"按钮 **◻** 可在当前图层上创建一个蒙版。在图层蒙版中，黑色的代表隐藏图像，白色的代表显示图像。可以使用绘图工具对蒙版进行编辑，而且可以将蒙版转换成选区。"创建新的填充或调整图层"按钮 **◐** 可用于对图层进行颜色填充和效果调整。"创建新组"按钮 **▢** 用于新建一个图层组。"创建新图层"按钮 **▣** 用于在当前图层的上方创建一个新图层。当单击该按钮时，系统将创建一个新图层。"删除图层"按钮 **🗑** 用于删除不想要的图层。

1.9.2 认识"图层"菜单

"图层"菜单用于对图层进行不同的操作。在菜单栏中单击"图层"菜单名，系统将弹出"图层"菜单，如图 1–100 所示。可以使用各种命令对图层进行操作，当选择不同的图层时，"图层"菜单中的命令也可能不同，当前图层不可用的命令和菜单会显示为灰色。

1.9.3 新建图层

新建图层有以下几种方法。

图 1–100

- 使用"图层"控制面板的菜单。单击"图层"控制面板右上方的 **▤** 图标，在弹出的菜单中选择"新建图层"命令，系统将弹出"新建图层"对话框，如图 1–101 所示。

"名称"选项用于设置新图层的名称，可以选择将其与前一图层编组。"颜色"选项用于设置新图层的颜色。"模式"选项用于设置当前图层的混合模式。"不透明度"选项用于设置当前图层的不透明度。

图 1–101

- 使用"图层"控制面板中的按钮或快捷键。单击"图层"控制面板中的"创建新图层"按钮 **▣** ，可以创建一个新图层。按住 Alt 键，单击"图层"控制面板中的"创建新图层"按钮 **▣** ，系统将弹出"新建图层"对话框。

- 使用"图层"命令或快捷键。选择"图层 > 新建 > 图层"命令，或按 Shift+Ctrl+N 组合键，系统将弹出"新建图层"对话框。

1.9.4 复制图层

复制图层有以下几种方法。

- 使用"图层"控制面板的菜单。单击"图层"控制面板右上方的 **▤** 图标，在弹出的菜单中选择"复制图层"命令，系统将弹出"复制图层"对话框，如图 1–102 所示。"为"选项用于设置复制图层的名称，"文档"选项用于设置复制图层的文件来源。

图 1–102

- 使用"图层"控制面板中的按钮。将"图层"控制面板中需要复制的图层拖曳到下方的"创建新图层"按钮 **▣** 上，可以复制一个新图层。

- 使用"复制图层"命令。选择"图层 > 复制图层"命令，系统将弹出"复制图层"对话框。
- 使用鼠标拖曳的方法。打开目标图像和需要复制的图像。将需要复制的图像的图层拖曳到目标图像的图层中，完成图层复制。

1.9.5　删除图层

删除图层有以下几种方法。

- 使用"图层"控制面板的菜单。单击"图层"控制面板右上方的图标，在弹出的菜单中选择"删除图层"命令，系统将弹出删除图层提示对话框，如图 1-103 所示。

图 1-103

- 使用"图层"控制面板中的按钮。单击"图层"控制面板中的"删除图层"按钮，系统将弹出删除图层提示对话框，单击"是"按钮，删除图层。或将需要删除的图层拖曳到"删除图层"按钮上，也可以删除图层。
- 使用"图层"菜单中的命令。选择"图层 > 删除 > 图层"命令，系统将弹出删除图层提示对话框。选择"图层 > 删除 > 链接图层"或"隐藏图层"菜单命令，系统将弹出"删除链接图层"或"删除隐藏图层"对话框，单击"是"按钮，可以将链接或隐藏的图层删除。

1.10　恢复操作的应用

在绘制和编辑图像的过程中，用户经常会错误地执行一个操作或对制作的一系列效果不满意。当希望恢复到前一步或原来的图像效果时，就要用到恢复操作命令。

1.10.1　恢复到上一步的操作

在编辑图像的过程中可以随时将操作返回到上一步，也可以还原图像到恢复前的效果。

启用"还原"命令有以下两种方法。

- 选择"编辑 > 还原"命令。
- 按 Ctrl+Z 组合键。

按 Ctrl+Z 组合键，可以恢复到图像的上一步操作。如果想还原图像到恢复前的效果，再次按 Ctrl+Z 组合键即可。

1.10.2　中断操作

当 Photoshop CS6 正在进行图像处理时，按 Esc 键，即可中断正在进行的操作。

1.10.3　恢复到操作过程的任意步骤

在绘制和编辑图像的过程中，有时需要将操作恢复到某一个阶段。

1. 使用"历史记录"控制面板进行恢复

"历史记录"控制面板可以将进行过多次处理操作的图像恢复到任意一步操作前的状态，即所谓的"多次恢复功能"。系统默认只能恢复 20 次以内的所有操作，但如果计算机的内存足够大，可以将恢复次数设置得更多一些。选择"窗口 > 历史记录"命令，系统将弹出"历史记录"控制面板，如图 1-104 所示。

在图 1-104 所示的控制面板中，1 为源图像，2 为设置的快照画笔，3 为当前历史记录，4 为整个操作过程的历史记录。

控制面板下方的按钮由左至右依次为"从当前状态创建新文档"按钮、"创建新快照"按钮和"删除当前状态"按钮。单击控制面板右上方的图标，系统将弹出"历史记录"控制面板的菜单，如图 1-105 所示。

应用快照可以在"历史记录"控制面板中恢复被清除的历史记录。

在"历史记录"控制面板中单击记录过程中的任意一个操作步骤，图像就会恢复到该步骤的效果。选择"历史记录"控制面板菜单中的"前进一步"命令或按 Shift+Ctrl+Z 组合键，可以向下移动一个操作步骤；选择"后退一步"命令或按 Alt+Ctrl+Z 组合键，可以向上移动一个操作步骤。

在"历史记录"控制面板中单击"创建新快照"按钮，可以将当前图像保存为新快照，新快照可以用于在"历史记录"控制面板中的历史记录被清除后对图像进行恢复。在"历史记录"控制面板中单击"从当前状态创建新文档"按钮，可以为当前的图像或快照复制一个新的图像文件。在"历史记录"控制面板中单击"删除当前状态"按钮，可以对当前的图像或快照进行删除。

图 1-104

图 1-105

在"历史记录"控制面板的默认状态下，如果选择中间的操作步骤进行图像的新操作，那么中间操作步骤后的所有操作记录都会被删除。

2. 使用"历史记录画笔"工具进行恢复

选择工具箱中的"历史记录画笔"工具，属性栏如图 1-106 所示。在"历史记录画笔"工具的属性栏中，"画笔"选项用于选择画笔，"模式"选项用于选择混合模式，"不透明度"选项用于设置不透明度，"流量"选项用于设置扩散的速度。

图 1-106

选择"滤镜"菜单下的"晶格化"命令，为图片添加滤镜效果，如图 1-107 所示，操作过程中，在"历史记录"控制面板中生成历史记录，如图 1-108 所示。

图 1-107

图 1-108

　　如果想要恢复图像到设置历史记录画笔时的效果，选择"历史记录画笔"工具 ，在图像中拖曳即可擦除图像，如图 1-109 和图 1-110 所示。这样可以恢复图像到设置历史记录画笔时的效果，如图 1-111 和图 1-112 所示。

图 1-109

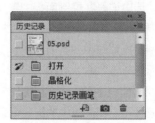

图 1-110

图 1-111

图 1-112

第 2 章
图像处理基础知识

本章介绍

本章将详细讲解使用 Photoshop CS6 处理图像时需要掌握的一些基本知识。读者要重点掌握图像的颜色模式、图像文件格式等知识。

学习目标

- ✔ 了解像素的概念。
- ✔ 了解位图和矢量图。
- ✔ 熟悉图像的不同颜色模式。
- ✔ 了解常用的图像文件格式。

技能目标

- ✔ 掌握将 RGB 模式转换成 CMYK 模式的方法。
- ✔ 掌握常用图像文件格式的选择方法。

素养目标

- ✔ 培养细致的观察能力。
- ✔ 培养自主学习能力。

2.1 像素的概念

在 Photoshop CS6 中，图像是由许多个小方块组成的，每一个小方块就是一个像素，每一个像素只显示一种颜色，效果如图 2-1 和图 2-2 所示。像素都有自己的位置和颜色，它们的颜色和位置决定了图像所呈现的样子。文件包含的像素数越多，文件的容量就越大，图像品质就越好。

图 2-1

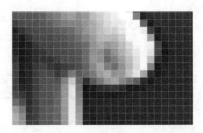

图 2-2

![2.2] **位图和矢量图**

图像可以分为位图图像和矢量图图像两大类。在绘图或处理图像的过程中，这两种类型的图像可以交叉使用。

2.2.1 位图

位图是由许多不同颜色的像素组成的。

由于位图采取了点阵的方式，使每个像素都能够记录图像的色彩信息，因而可以精确地表现色彩丰富的图像。但图像的色彩越丰富，图像的像素就越多，文件也就越大，因此，处理位图图像时，对计算机硬盘和内存的要求也比较高。

位图图像与分辨率有关，如果以较大的倍数放大显示图像，或以过低的分辨率打印图像，图像都会出现锯齿状的边缘，并且会丢失细节，效果如图 2-3 和图 2-4 所示。

图 2-3

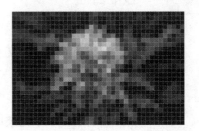

图 2-4

2.2.2 矢量图

矢量图是以矢量方式来记录图像内容的。矢量图中的图形元素称为对象，每个对象都是独立的，具有各自的属性。矢量图是由各种线条或文字组合而成的，使用 Illustrator、CorelDRAW 等绘图软件制作的图形都是矢量图。

矢量图图像与分辨率无关，将它缩放到任意大小，其清晰度都不变，也不会出现锯齿状的边缘。在任何分辨率下显示或打印矢量图，都不会丢失细节，效果如图 2-5 和图 2-6 所示。矢量图文件所占的容量较少。矢量图的缺点是不易制作色调丰富的图像，而且绘制出来的图形无法像位图那样精确地描绘各种绚丽的景象。

图 2-5

图 2-6

2.3 图像分辨率

图像分辨率是图像中每单位长度所含有的像素的多少，其单位为像素/英寸或是像素/厘米。高分辨率的图像比相同尺寸的低分辨率的图像包含的像素多。图像中的像素越小、越密，越能表现出图像色调的细节变化，如图 2-7 和图 2-8 所示。

图 2-7

图 2-8

2.4 图像的颜色模式

Photoshop CS6 提供了多种颜色模式，这些颜色模式正是作品能够在屏幕和印刷品上成功展现的重要保障。在这些颜色模式中，经常使用到的有 CMYK 模式、RGB 模式、Lab 模式以及 HSB 模式；另外，还有索引模式、灰度模式、位图模式、双色调模式、多通道模式等。这些模式都可以在"模式"子菜单中找到。每种颜色模式都有不同的色域，并且各个颜色模式之间可以互相转换。下面将介绍主要的颜色模式。

2.4.1 CMYK 模式

CMYK 代表了印刷上用的 4 种油墨色：C 代表青色，M 代表洋红色，Y 代表黄色，K 代表黑色。CMYK 模式的"颜色"控制面板如图 2-9 所示。

CMYK 模式在印刷时应用了色彩学中的减法混合原理，即减色模式，它是图片和其他 Photoshop CS6 作品最常用的一种印刷方式。这是因为在印刷中通常都要进行四色分色，出四色胶片，然后再进行印刷。

图 2-9

2.4.2 RGB 模式

与 CMYK 模式不同的是，RGB 模式是一种加色模式，它通过红、绿、蓝 3 种色光相叠加而形成更多的颜色。RGB是色光的颜色模式，一个24位的RGB模式图像有3个色彩信息通道：红色（R）、绿色（G）和蓝色（B）。RGB模式的"颜色"控制面板如图2-10所示。

图2-10

每个通道都有8位的色彩信息——一个0~255的亮度值色域。也就是说，每一种颜色都有256个亮度水平级。3种色彩相叠加，可以有256×256×256≈1678万种可能的颜色。这1678万种颜色足以表现出绚丽多彩的世界。在Photoshop CS6中编辑图像时，RGB模式应是最佳的选择。

2.4.3　Lab模式

Lab模式是Photoshop CS6中的一种国际色彩标准模式。它由3个通道组成：一个通道是透明度通道，用L表示；其他两个是颜色通道，即色相与饱和度，用a和b表示。a通道包括的颜色从深绿色到灰色，再到亮粉红色；b通道包括的颜色从亮蓝色到灰色，再到焦黄色。这些颜色混合后将产生明亮的色彩。

2.4.4　HSB模式

HSB模式只有在颜色吸取窗口中才会出现。H代表色相，S代表饱和度，B代表亮度。色相的意思是色彩的相貌，即组成可见光谱的单色。饱和度代表色彩的纯度。黑、白、灰3种色彩没有饱和度。亮度代表色彩的明亮程度。最大亮度是色彩最鲜明的状态。黑色的亮度为0。

2.4.5　索引模式

在索引模式下，最多只能存储一个8位色彩深度的文件，即最多256种颜色。这256种颜色存储在可以查看的色彩对照表中。当打开图像文件时，色彩对照表也一同被读入Photoshop CS6中，在色彩对照表中能找出最终的色彩值。

2.4.6　灰度模式

在灰度模式下，每个像素用8个二进制位表示，能产生2的8次方（即256）级灰色调。当一个彩色文件被转换为灰度文件时，所有的颜色信息都将从文件中丢失。尽管Photoshop CS6允许将一个灰度文件转换为彩色文件，但不可能将原来的颜色完全还原。所以，当要转换为灰度模式时，应先做好图像的备份。

像黑白照片一样，一个灰度模式的图像只有明暗值，没有色相与饱和度这两种颜色信息。0%代表白色，100%代表黑色。其中的K值用于衡量黑色油墨的用量。将彩色模式转换为双色调模式或位图模式时，必须先转换为灰度模式，然后由灰度模式转换为双色调模式或位图模式。

2.4.7　位图模式

位图模式为黑白位图模式。黑白位图是由黑白两种像素组成的图像，它通过组合不同大小的点，产生一定的灰度级阴影。使用位图模式可以更好地设置网点的大小、形状和角度，还可以更完善地控制灰度图像的打印。

2.4.8　双色调模式

双色调模式是用一种灰色油墨或彩色油墨来渲染一个灰度图像的模式。在这种模式中，最多可以向灰度图像中添加 4 种颜色。这样，就可以打印出比单纯灰度图像更有趣的图像。

2.4.9　多通道模式

多通道模式是由其他颜色模式转换而来的。不同的颜色模式转换后将产生不同的通道数。例如，将 RGB 模式转换成多通道模式时，会产生红、绿、蓝 3 个通道。

2.5　将 RGB 模式转换成 CMYK 模式的最佳时机

如果已经用 Photoshop CS6 完成了作品，并要拿去印刷，这时必须将作品模式转换成 CMYK 模式以便分色（除非使用少数无法将 CMYK 档案印出的彩色发片机）。

在制作过程中，将作品模式转换成 CMYK 模式可以在如下几个不同的阶段完成。

- 在新建文件时选择 CMYK 模式。可以在建立一个新的 Photoshop CS6 图像文件时就选择 CMYK 模式，如图 2-11 所示。

图 2-11

- 让发片部门分色。可以在制作过程中一直使用 RGB 模式，并将其置入排版软件，让发片部门按照版面编排或分色的公用程式来分色。
- 在制作过程中选择 CMYK 模式。在制作过程中，可以随时从"图像 > 模式"子菜单中选择"CMYK 颜色"模式。但是一定要注意，在作品转换模式后，就无法再从"模式"子菜单中选择"RGB 颜色"模式将作品变回原来的 RGB 模式了。因此，在将 RGB 模式转换成 CMYK 模式之前，可以在"视图"菜单下的"校样设置"子菜单中选择"工作中的 CMYK"命令，预览一下转换成 CMYK 模式后的效果，如果不满意，还可以对图像进行调整。

那么，将 RGB 模式转换成 CMYK 模式的最佳时机是何时呢？下面将说明不同转换时机的优缺点，供读者参考。

- 在建立新的 Photoshop CS6 文件时就选择 CMYK 模式。这种方式的优点是能防止最后的颜色失真，因为在整个作品的制作过程中，所制作的图像都在可印刷的色域中。
- 在 RGB 模式下制作作品，直到完成，之后再利用其他手段，如在自定色阶、Photoshop CS6

的色相/饱和度或曲线下做调整，使 CMYK 模式下的色彩与 RGB 模式下的色彩尽可能接近。同时，在制作过程中，还应注意 CMYK 模式的预览图和四色异常警告。这种在输出之前再进行 CMYK 模式转换的方式的优点是有很高的自由度。

- 让输出中心应用分色公用程序，将 RGB 模式的作品较完善地转换成 CMYK 模式。其优点是能让用户节省很多的时间。但是有时也可能出现问题，例如没有看到输出中心的打样，或觉得发片人员不会注意样稿，结果可能造成作品印刷后和样稿相差较多。

2.6 常用的图像文件格式

用 Photoshop CS6 制作或处理好一个图像后，就要对其进行保存。这时，选择一种合适的文件格式就显得十分重要。Photoshop CS6 中有多种文件格式可供选择。在这些文件格式中，既有 Photoshop CS6 的专用格式，也有用于应用程序交换的文件格式，还有一些比较特殊的格式。

2.6.1 PSD 格式和 PDD 格式

PSD 格式和 PDD 格式是 Photoshop CS6 的专用文件格式，能够支持从线图到 CMYK 模式的所有图像类型，但由于它们在一些图形程序中没有得到很好的支持，所以其通用性不强。PSD 格式和 PDD 格式能够保存图像数据的细节部分，如图层、蒙版、通道等 Photoshop CS6 对图像进行特殊处理的信息。在没有最终决定图像的存储格式前，最好先以这两种格式存储。另外，Photoshop CS6 打开和保存这两种格式的文件较其他格式更快。但是这两种格式也有缺点，就是它们所存储的图像文件特别大，占用磁盘空间较多。

2.6.2 TIF 格式（TIFF）

TIF 是标签图像格式。TIF 格式对于颜色通道图像来说是最有用的格式，具有很强的可移植性，是使用最广泛的格式。保存时可在图 2-12 所示的对话框中进行设置。

用 TIF 格式存储时应考虑文件的大小，因为 TIF 格式的结构要比其他格式更大、更复杂。TIF 格式支持 24 个通道，能存储多于 4 个通道的文件。TIF 格式还允许使用 Photoshop CS6 中的复杂工具和滤镜特效。TIF 格式非常适合用于印刷和输出。

图 2-12

2.6.3 TGA 格式

TGA 格式与 TIF 格式相同，也可用来处理高质量的颜色通道图像。TGA 格式的存储选择对话框如图 2-13 所示。TGA 格式支持 32 位图像，它吸收了广播电视标准的优点，包括 8 位 Alpha 通道。

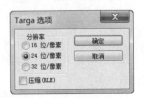

图 2-13

2.6.4　BMP 格式

BMP 是 Bitmap 的缩写。它可以用于 Windows 下的绝大多数应用程序。BMP 格式的存储选择对话框如图 2-14 所示。

BMP 格式使用索引色彩，它的图像具有极其丰富的色彩。BMP 格式能够存储黑白图、灰度图等。此格式一般在多媒体演示、视频输出等情况下使用。在存储 BMP 格式的图像文件时，还可以进行无损失压缩，能节省磁盘空间。

图 2-14

2.6.5　GIF 格式

GIF 格式的文件比较小，它是一种压缩的 8 位图像文件。因此，一般用这种格式的文件来缩短图形的加载时间。在网络中，传输 GIF 格式的图像文件要比传输其他格式的图像文件快得多。

2.6.6　JPEG 格式

JPEG 格式既是 Photoshop CS6 支持的一种文件格式，也是一种压缩方案。它是 Macintosh 上常用的一种存储类型。JPEG 格式是压缩格式中的"佼佼者"，与 TIF 格式采用的 LIW 无损失压缩相比，它的压缩比例更大。但它使用的有损失压缩会丢失部分数据。用户可以在存储前选择图像的最终质量，以控制数据的损失程度。JPEG 格式的存储选择对话框如图 2-15 所示。

图 2-15

在图 2-15 所示的对话框中，在"品质"下拉列表中可以选择低、中、高和最佳 4 种图像压缩品质。以高质量保存图像比以其他质量保存图像占用的磁盘空间更大；而选择低质量保存图像则会丢失较多的数据，但占用的磁盘空间较少。

2.6.7　EPS 格式

EPS 格式是 Illustrator 和 Photoshop CS6 之间可交换的文件格式。用 Illustrator 制作出来的流动曲线、简单图形和专业图像一般都存储为 EPS 格式。Photoshop CS6 可以获取这种格式的文件。在 Photoshop CS6 中，也可以把其他图形文件存储为 EPS 格式，供如排版类的 PageMaker 和绘图类的 Illustrator 等其他软件使用。EPS 格式的存储选择对话框如图 2-16 所示。

图 2-16

2.6.8　选择合适的图像文件存储格式

可以根据工作任务的需要对图像文件进行保存，下面就根据图像的不同用途介绍一下它们应该存储的格式。

- 用于印刷：TIFF、EPS。
- 作为出版物：PDF。
- 作为 Internet 图像：GIF、JPEG、PNG。
- 用于 Photoshop CS6：PSD、PDD、TIFF。

第 3 章
绘制和编辑选区

本章介绍

本章将详细讲解 Photoshop CS6 的绘制和编辑选区功能,并对各种选择工具的使用方法和使用技巧进行细致的说明。读者通过本章的学习能够熟练应用 Photoshop CS6 的选择工具绘制需要的选区,并能应用选区的操作技巧编辑选区。

学习目标

- ✔ 认识常用的选择工具。
- ✔ 掌握选区的操作技巧。

技能目标

- ✔ 掌握"时尚彩妆类电商 Banner"的制作方法。
- ✔ 掌握"沙发详情页主图"的制作方法。

素养目标

- ✔ 培养手眼协调能力。
- ✔ 加深对祖国美好风光的热爱。

3.1 选择工具的使用

要想对图像进行编辑,需要先进行选择图像的操作。能够快捷、精确地选择图像,是提高图像处理效率的关键。

3.1.1 选框工具的使用

选框工具可以用于在图像或图层中绘制规则的选区,从而选取规则的图像。下面将具体介绍选框工具的使用方法和操作技巧。

1. "矩形选框"工具

使用"矩形选框"工具▢可以在图像或图层中绘制矩形选区。启用"矩形选框"工具▢有以下两种方法。

● 单击工具箱中的"矩形选框"工具▢。

● 按 M 键或反复按 Shift+M 组合键。

启用"矩形选框"工具▢,其属性栏如图 3-1 所示。在"矩形选框"工具▢的属性栏中,▣▣▣▣为操作选区的按钮。"新选区"按钮▣用于去除旧选区,绘制新选区。"添加到选区"按钮▣用于在原有选区的基础上增加新的选区。"从选区减去"按钮▣用于在原有选区的基础上减去新选区。"与选区交叉"按钮▣用于选择新旧选区重叠的部分。

图 3-1

"羽化"选项用于设置选区边界的羽化程度。"消除锯齿"选项用于清除选区边缘的锯齿。"样式"选项用于设置选择的方式:"正常"选项为标准类型;"固定比例"选项用于设置长宽比例来进行选择;"固定大小"选项则可以通过固定尺寸来进行选择。"宽度"和"高度"选项用来设置宽度和高度。

"矩形选框"工具▢的使用方法如下。

● 绘制矩形选区。启用"矩形选框"工具▢,在图像中适当的位置单击并按住鼠标左键,拖曳鼠标绘制出需要的选区,松开鼠标左键,矩形选区绘制完成,如图 3-2 所示。按住 Shift 键的同时拖曳鼠标,可以在图像中绘制出正方形的选区,如图 3-3 所示。

图 3-2　　　　　　　　　　　　　图 3-3

● 设置矩形选区的羽化值。羽化值为 0 像素的属性栏如图 3-4 所示,绘制出选区,如图 3-5 所示,按住 Alt + Backspace(或 Delete)组合键,用前景色填充选区,效果如图 3-6 所示。

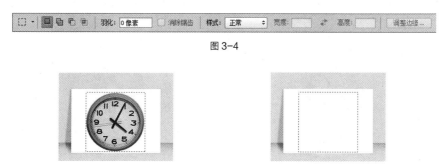

图 3-4

图 3-5　　　　　　　　　　　　图 3-6

设置羽化值为 30 像素后的属性栏如图 3-7 所示,绘制出选区,如图 3-8 所示,按住

Alt+Backspace（或 Delete）组合键，用前景色填充选区，效果如图 3-9 所示。

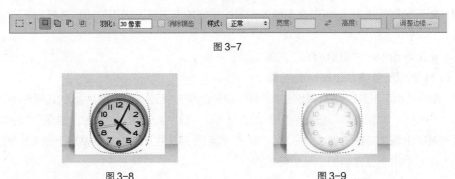

图 3-7

图 3-8　　　　　　　　　　　　　　图 3-9

● 设置矩形选区的比例。在"矩形选框"工具 的属性栏中的"样式"下拉列表中选择"固定比例"，在"宽度"和"高度"数值框中输入数值，如图 3-10 所示。单击"高度和宽度互换"按钮 ，可以快捷地将宽度和高度数值互换。绘制固定比例的选区和互换选区的宽高后的效果如图 3-11 和图 3-12 所示。

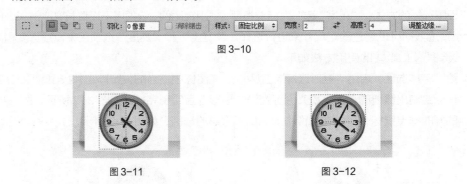

图 3-10

图 3-11　　　　　　　　　　　　　　图 3-12

● 设置固定尺寸的矩形选区。在"矩形选框"工具 的属性栏中的"样式"下拉列表中选择"固定大小"，在"宽度"和"高度"数值框中输入数值，如图 3-13 所示。单击"高度和宽度互换"按钮 ，可以快捷地将宽度和高度数值互换。绘制固定大小的选区和互换选区的宽高后的效果如图 3-14 和图 3-15 所示。

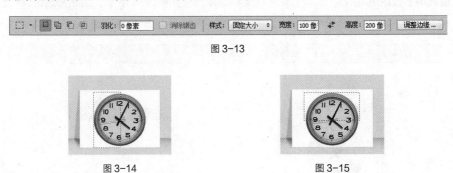

图 3-13

图 3-14　　　　　　　　　　　　　　图 3-15

2. "椭圆选框"工具

使用"椭圆选框"工具 可以在图像或图层中绘制出圆形或椭圆形选区。启用"椭圆选框"工具 有以下两种方法。

- 单击工具箱中的"椭圆选框"工具 ○ 。
- 反复按 Shift+M 组合键。

启用"椭圆选框"工具 ○ ，其属性栏如图 3-16 所示。

图 3-16

绘制椭圆选区：启用"椭圆选框"工具 ○ ，在图像中适当的位置单击并按住鼠标左键，拖曳鼠标绘制出需要的选区，松开鼠标左键，椭圆选区绘制完成，如图 3-17 所示。

按住 Shift 键的同时拖曳鼠标，可以在图像中绘制出圆形的选区，如图 3-18 所示。

图 3-17　　　　　　　　　　　　　图 3-18

提示

"椭圆选框"工具 ○ 属性栏中的选项和"矩形选框"工具 □ 属性栏中的选项相同，此处不再重复讲解。

3. "单行选框"工具

使用"单行选框"工具 ▭ 可以在图像或图层中绘制出 1 像素高的横线区域。该工具主要用于修复图像中丢失的像素线。用"单行选框"工具 ▭ 绘制的选区如图 3-19 所示。

4. "单列选框"工具

使用"单列选框"工具 ▯ 可以在图像或图层中绘制出 1 像素宽的竖线区域。该工具主要用于修复图像中丢失的像素线。用"单列选框"工具 ▯ 绘制的选区如图 3-20 所示。

图 3-19　　　　　　　　　　　　　图 3-20

3.1.2　套索工具的使用

使用套索工具可以在图像或图层中绘制形状不规则的选区，从而选取形状不规则的图像。下面将具体介绍套索工具的使用方法和操作技巧。

1. "套索"工具

"套索"工具 ○ 可以用来选取形状不规则的图像。启用"套索"工具 ○ 有以下两种方法。

- 单击工具箱中的"套索"工具 ○ 。

- 反复按 Shift+L 组合键。

启用"套索"工具 ，其属性栏如图 3-21 所示。在"套索"工具 的属性栏中， 为操作选区的按钮。"羽化"选项用于设置选区边缘的羽化程度。"消除锯齿"选项用于清除选区边缘的锯齿。

图 3-21

绘制不规则选区：启用"套索"工具 ，在图像中适当的位置单击并按住鼠标左键，拖曳鼠标绘制出需要的选区，如图 3-22 所示。松开鼠标左键，选区会自动封闭，效果如图 3-23 所示。

图 3-22　　　　　　　　　　　　　　　　　图 3-23

2."多边形套索"工具

"多边形套索"工具 可以用来选取不规则的图像。启用"多边形套索"工具 有以下两种方法。

- 单击工具箱中的"多边形套索"工具 。
- 反复按 Shift+L 组合键。

"多边形套索"工具 属性栏中的选项与"套索"工具 属性栏中的选项相同。

绘制多边形选区：启用"多边形套索"工具 ，在图像中单击设置选区的起点，接着单击设置选区的其他点，效果如图 3-24 所示。将鼠标指针移回起点处，鼠标指针将变为 形状，如图 3-25 所示。单击即可封闭选区，效果如图 3-26 所示。

图 3-24　　　　　　　　　　图 3-25　　　　　　　　　　图 3-26

提示　　　在图像中使用"多边形套索"工具 绘制选区时，按 Enter 键，可封闭选区；按 Esc 键，可取消选区；按 Delete 键，可删除上一个单击建立的选区点。

3."磁性套索"工具

"磁性套索"工具 可以用来选取不规则的且与背景反差较大的图像。启用"磁性套索"工具 有以下两种方法。

- 单击工具箱中的"磁性套索"工具 。
- 反复按 Shift+L 组合键。

启用"磁性套索"工具 ，其属性栏如图 3-27 所示。

图 3-27

在"磁性套索"工具 的属性栏中， 为操作选区的按钮。"羽化"选项用于设置选区边缘的羽化程度。"消除锯齿"选项用于清除选区边缘的锯齿。"宽度"选项用于设置套索检测范围，"磁性套索"工具 将在这个范围内选取反差最大的边缘。"对比度"选项用于设置选区边缘的灵敏度，数值越大，则要求边缘与背景的反差越大。"频率"选项用于设置标记选区点的速度，数值越大，标记速度越快，选区点越多。"使用绘图板压力以更改钢笔宽度"按钮 用于设置专用绘图板的笔刷压力。

根据图像形状绘制选区：启用"磁性套索"工具 ，在图像中适当的位置单击并按住鼠标左键，根据图像形状拖曳鼠标，选取图像的磁性轨迹会紧贴图像边缘，效果如图 3-28 和图 3-29 所示。将鼠标指针移回起点处，单击即可封闭选区，效果如图 3-30 所示。

图 3-28 图 3-29 图 3-30

3.1.3 "魔棒"工具的使用

"魔棒"工具 可以用来选取图像中的某一点，并将与这一点颜色相同或相近的点自动融入选区中。启用"魔棒"工具 有以下两种方法。

- 单击工具箱中的"魔棒"工具 。
- 按 W 键。

启用"魔棒"工具 ，其属性栏如图 3-31 所示。

图 3-31

在"魔棒"工具 的属性栏中， 为操作选区的按钮。"容差"选项用于控制色彩的范围，数值越大，允许的色彩范围越大。"消除锯齿"选项用于清除选区边缘的锯齿。"连续"选项用于选择单独的色彩范围。"对所有图层取样"选项用于将所有可见图层中色彩范围内的色彩加入选区。

使用"魔棒"工具 绘制选区：启用"魔棒"工具 ，在图像中单击需要选择的颜色区域，即可得到需要的选区。将属性栏中的"容差"选项分别设置为 32 和 80，再次单击需要选择的颜色区域，不同容差值的选区效果如图 3-32 和图 3-33 所示。

图 3-32

图 3-33

3.1.4 课堂案例——制作时尚彩妆类电商 Banner

【案例学习目标】学习使用不同的选取工具选择不同形状的图像，并用"移动"工具将它们合成为一个 Banner。

【案例知识要点】使用"矩形选框"工具、"椭圆选框"工具、"多边形套索"工具和"魔棒"工具抠出化妆品，使用变换组合键调整图像大小，使用"移动"工具合成图像，最终效果如图 3-34 所示。

【效果所在位置】Ch03\效果\制作时尚彩妆类电商 Banner.psd。

图 3-34

制作时尚彩妆类
电商 Banner

（1）按 Ctrl + O 组合键，打开云盘中的"Ch03 > 素材 > 制作时尚彩妆类电商 Banner > 02"文件，如图 3-35 所示。选择"矩形选框"工具，在 02 图像窗口中沿着右侧化妆品的边缘拖曳鼠标以绘制选区，如图 3-36 所示。

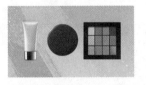

图 3-35

图 3-36

（2）按 Ctrl + O 组合键，打开云盘中的"Ch03 > 素材 > 制作时尚彩妆类电商 Banner > 01"文件。选择"移动"工具，将 02 图像窗口选区中的图像拖曳到 01 图像窗口中适当的位置，效果如图 3-37 所示。"图层"控制面板中会生成新的图层，将其重命名为"化妆品 1"。

（3）按 Ctrl+T 组合键，图像周围会出现变换框，将鼠标指针放在变换框的控制手柄外侧，鼠标指针会变为旋转图标，拖曳鼠标将图像旋转到适当的角度，按 Enter 键确认操作，效果如图 3-38 所示。

图 3-37

图 3-38

（4）选择"椭圆选框"工具 ⬭，在 02 图像窗口中沿着中间化妆品的边缘拖曳鼠标以绘制选区，如图 3-39 所示。选择"移动"工具 ⊕，将 02 图像窗口选区中的图像拖曳到 01 图像窗口中适当的位置，效果如图 3-40 所示。"图层"控制面板中会生成新的图层，将其重命名为"化妆品 2"。

图 3-39

图 3-40

（5）选择"多边形套索"工具 ⟋，在 02 图像窗口中沿着左侧化妆品的边缘单击以绘制选区，如图 3-41 所示。选择"移动"工具 ⊕，将 02 图像窗口选区中的图像拖曳到 01 图像窗口中适当的位置，效果如图 3-42 所示。"图层"控制面板中会生成新的图层，将其重命名为"化妆品 3"。

图 3-41

图 3-42

（6）按 Ctrl+O 组合键，打开云盘中的"Ch03 > 素材 > 制作时尚彩妆类电商 Banner > 03"文件。选择"魔棒"工具 ⟋，在图像窗口中的背景区域单击，图像周围会生成选区，如图 3-43 所示。按 Shift+Ctrl+I 组合键，反选选区，如图 3-44 所示。

（7）选择"移动"工具 ⊕，将 03 图像窗口选区中的图像拖曳到 01 图像窗口中适当的位置，效果如图 3-45 所示。"图层"控制面板中会生成新的图层，将其重命名为"化妆品 4"。

图 3-43

图 3-44

图 3-45

（8）按 Ctrl+O 组合键，打开云盘中的"Ch03 > 素材 > 制作时尚彩妆类电商 Banner > 04、05"文件。选择"移动"工具 ⊕，将图片分别拖曳到 01 图像窗口中适当的位置，效果如图 3-46 所示。"图层"控制面板中会生成新的图层，将其分别重命名为"云 1"和"云 2"，"图层"控制面板如图 3-47 所示。

图 3-46

图 3-47

（9）在"图层"控制面板中选中"云1"图层，并将其拖曳到"化妆品1"图层的下方，"图层"控制面板如图3-48所示，图像的效果如图3-49所示。时尚彩妆类电商Banner制作完成。

图3-48

图3-49

3.2 选区的操作技巧

如果想在Photoshop CS6中灵活地编辑和处理图像，就必须掌握好选区的操作技巧。

3.2.1 移动选区

当使用选取工具选择图像区域后，在属性栏中单击"新选区"按钮，将鼠标指针放在选区中，鼠标指针就会显示成图标。

移动选区有以下两种方法。

● 使用鼠标移动选区。打开一个图像，选择"矩形选框"工具，绘制出选区，并将鼠标指针放置到选区中，鼠标指针变成图标后，如图3-50所示。按住鼠标左键拖曳，鼠标指针变为图标，效果如图3-51所示。将选区拖曳到适当的位置后，松开鼠标左键，即可完成选区的移动，效果如图3-52所示。

图3-50

图3-51

图3-52

● 使用键盘移动选区。当使用"矩形选框"工具或"椭圆选框"工具绘制出选区后，不要松开鼠标左键，同时按住Spacebar（空格）键并拖曳鼠标，即可移动选区。

绘制出选区后，使用方向键可以将选区沿对应方向移动1像素，使用Shift键和方向键可以将选区沿对应方向移动10像素。

3.2.2 调整选区

选择完图像区域后，还可以进行增加选区、减去选区、相交选区等操作。

1. 使用按键调整选区

● 增加选区。打开一个图像，使用"矩形选框"工具▣绘制出选区，如图 3-53 所示。按住 Shift 键的同时，绘制出要增加的矩形选区，如图 3-54 所示。增加选区后的效果如图 3-55 所示。

图 3-53   图 3-54   图 3-55

● 减小选区。打开一个图像，使用"矩形选框"工具▣绘制出选区，如图 3-56 所示。按住 Alt 键的同时，绘制出要减去的矩形选区，如图 3-57 所示。减去选区后的效果如图 3-58 所示。

图 3-56   图 3-57   图 3-58

● 相交选区。打开一个图像，使用"矩形选框"工具▣绘制出选区，如图 3-59 所示。按住 Alt+Shift 组合键的同时，绘制出矩形选区，如图 3-60 所示。相交选区后的效果如图 3-61 所示。

图 3-59   图 3-60   图 3-61

● 取消选区。按 Ctrl+D 组合键，可以取消选区。

● 反选选区。按 Shift+Ctrl+I 组合键，可以对当前的选区进行反向选取，原选区和反选后的选区如图 3-62 和图 3-63 所示。

● 隐藏与恢复选区。按 Ctrl+H 组合键，可以隐藏选区。再次按 Ctrl+H 组合键，可以恢复显示选区。

图 3-62

图 3-63

2. 使用属性栏调整选区

在选取工具的属性栏中，有"新选区"、"添加到选区"、"从选区减去"和"与选区交叉"4 个用于调整选区的按钮。功能在前面已经介绍过，此处不再讲解。

3. 使用菜单调整选区

在"选择"菜单下选择"全选""取消选择""反选"命令，可以对图像选区进行全部选择、取消选择和反向选择的操作。

选择"选择 > 修改"命令，系统将弹出其子菜单，如图 3-64 所示。

边界(B)...
平滑(S)...
扩展(E)...
收缩(C)...
羽化(F)...   Shift+F6

图 3-64

- "边界"命令：用于修改选区的边缘。打开一个图像，绘制好选区，如图 3-65 所示。选择子菜单中的"边界"命令，弹出"边界选区"对话框，各选项的设置如图 3-66 所示，单击"确定"按钮。边界效果如图 3-67 所示。

图 3-65

图 3-66

图 3-67

- "平滑"命令：通过增加或减少选区边缘的像素来平滑边缘。选择子菜单中的"平滑"命令，弹出"平滑选区"对话框，如图 3-68 所示。
- "扩展"命令：用于扩展选区的像素，扩展的像素数量通过图 3-69 所示的"扩展选区"对话框确定。
- "收缩"命令：用于收缩选区的像素，收缩的像素数量通过图 3-70 所示的"收缩选区"对话框确定。

图 3-68

图 3-69

图 3-70

选择"选择 > 扩大选取"命令，可以将图像中一些连续的、色彩相近的像素添加到选区内。扩大选取的数值是根据"魔棒"工具的容差值决定的。

选择"选择 > 选取相似"命令，可以将图像中一些不连续的、色彩相近的像素添加到选区内。选取相似的数值是根据"魔棒"工具的容差值决定的。

打开一个图像，绘制选区，如图 3-71 所示，选择"选择 > 扩大选取"命令后的效果如图 3-72 所示，选择"选择 > 选取相似"命令后的效果如图 3-73 所示。

图 3-71

图 3-72

图 3-73

3.2.3　羽化选区

羽化选区可以使图像产生柔和的效果。通过以下方法可以设置选区的羽化值。

- 选择"选择 > 羽化"命令，或按 Shift+F6 组合键，在打开的"羽化选区"对话框中设置羽化值。
- 使用选择工具前，在工具的属性栏中设置羽化值。

3.2.4　课堂案例——制作沙发详情页主图

【案例学习目标】学习使用选框工具和羽化组合键制作出需要的效果。

【案例知识要点】使用"矩形选框"工具、"变换选区"命令和羽化组合键制作商品投影，使用"移动"工具添加装饰图片和文字，最终效果如图 3-74 所示。

图 3-74

制作沙发详情页
主图

【效果所在位置】Ch03\效果\制作沙发详情页主图.psd。

（1）按 Ctrl+O 组合键，打开云盘中的"Ch03 > 素材 >制作沙发详情页主图> 01、02"文件。选择"移动"工具，将 02 图像拖曳到 01 图像窗口中适当的位置，图像效果如图 3-75 所示。"图层"控制面板中会生成新的图层，将其重命名为"沙发"。选择"矩形选框"工具，在图像窗口中拖曳鼠标以绘制矩形选区，如图 3-76 所示。

图 3-75

图 3-76

（2）选择"选择 > 变换选区"命令，选区周围会出现控制手柄，如图 3-77 所示，按住 Ctrl+Shift 组合键，拖曳左上角的控制手柄到适当的位置，如图 3-78 所示。使用相同的方法调整其他控制手柄，如图 3-79 所示。

图 3-77

图 3-78

图 3-79

（3）选区变换完成后，按 Enter 键确认操作，如图 3-80 所示。按 Shift+F6 组合键，弹出"羽化选区"对话框，各选项的设置如图 3-81 所示，单击"确定"按钮。

图 3-80

图 3-81

（4）按住 Ctrl 键的同时，单击"图层"控制面板下方的"创建新图层"按钮，在"沙发"图层下方新建图层并将其重命名为"投影"。将前景色设置为黑色。按 Alt+Delete 组合键，用前景色填充选区。按 Ctrl+D 组合键，取消选区，效果如图 3-82 所示。

（5）在"图层"控制面板上方，将"投影"图层的"不透明度"选项设置为 40%，如图 3-83 所示，按 Enter 键确认操作，图像效果如图 3-84 所示。

图 3-82

图 3-83

图 3-84

（6）选中"沙发"图层。按 Ctrl+O 组合键，打开云盘中的"Ch03 > 素材 > 制作沙发详情页主图 > 03"文件。选择"移动"工具 ，将 03 图片拖曳到 01 图像窗口中适当的位置，图像效果如图 3-85 所示。"图层"控制面板中会生成新的图层，将其重命名为"装饰"，如图 3-86 所示。沙发详情页主图制作完成。

图 3-85

图 3-86

课后习题——制作旅游出行公众号首图

【习题知识要点】使用"魔棒"工具选取背景，使用"移动"工具更换天空和移动图像，最终效果如图 3-87 所示。

【效果所在位置】Ch03\效果\制作旅游出行公众号首图.psd。

图 3-87

制作旅游出行
公众号首图

第 4 章
绘制和修饰图像

本章介绍

本章将详细介绍 Photoshop CS6 绘制、修饰以及填充图像的功能。读者通过本章的学习能够了解和掌握绘制和修饰图像的基本方法和操作技巧，并能将绘制和修饰图像的各种功能及效果应用到实际的设计与制作任务中，真正做到学以致用。

学习目标

- ✔ 掌握绘图工具的使用方法。
- ✔ 熟练掌握修图工具的使用方法。
- ✔ 掌握填充工具的使用方法。

技能目标

- ✔ 掌握 "欢乐假期宣传海报插画" 的制作方法。
- ✔ 掌握 "人物照片" 的修复方法。
- ✔ 掌握 "照片中的涂鸦" 的清除方法。
- ✔ 掌握 "女装活动页 H5 首页" 的制作方法。

素养目标

- ✔ 加深对中华传统文化的热爱。
- ✔ 提高审美水平。

4.1 绘图工具的使用

使用绘图工具可以在空白的区域中画出图画，也可以在已有的图像中对图像进行再创作。掌握好绘图工具可以使设计作品更精彩。

4.1.1　画笔工具的使用

画笔工具可以模拟画笔效果在图像或选区中进行绘制。

1. "画笔"工具

启用"画笔"工具有以下两种方法。

● 单击工具箱中的"画笔"工具。

● 反复按 Shift+B 组合键。

启用"画笔"工具，其属性栏如图 4-1 所示。

图 4-1

在属性栏中，"画笔预设"选项用于选择预设的画笔。"模式"选项用于选择混合模式。当选择不同的模式，用喷枪进行操作时，将产生丰富的效果。"不透明度"选项用于设置画笔的不透明度。"流量"选项用于设置喷枪压力，压力越大，喷色越浓。单击"启用喷枪模式"按钮，可以选择喷枪效果。

启用"画笔"工具，在属性栏中设置画笔属性，如图 4-2 所示。在图像中单击，按住鼠标左键拖曳即可绘制出书法字的效果，如图 4-3 所示。

图 4-2　　　　　　　　　　　　　　　　　　　　　　图 4-3

2. 选择画笔

● 在属性栏中选择画笔

单击"画笔预设"选项右侧的按钮，将弹出图 4-4 所示的画笔选择面板，在画笔选择面板中可选择画笔形状。

按 Shift+[组合键，可以减小画笔硬度；按 Shift+] 组合键，可以增大画笔硬度；按 [键可以缩小画笔；按] 键可以放大画笔。

拖曳"大小"选项下的滑块或直接输入数值可以设置画笔的大小。如果选择的画笔是基于样本的，将显示"恢复到原始大小"按钮，单击此按钮，可以使画笔的大小恢复到初始的大小。

单击画笔选择面板右上方的按钮，在弹出的菜单中选择"描边缩览图"命令，如图 4-5 所示，画笔的显示效果如图 4-6 所示。

弹出的菜单中的各个命令及作用如下。

"新建画笔预设"命令：用于建立新画笔。

"重命名画笔"命令：用于重新命名画笔。

"删除画笔"命令：用于删除当前选中的画笔。

"仅文本"命令：以文字描述方式显示画笔。

"小缩览图"命令：以小图标方式显示画笔。

"大缩览图"命令：以大图标方式显示画笔。

"小列表"命令：以小文字和图标方式显示画笔。

"大列表"命令：以大文字和图标方式显示画笔。

"描边缩览图"命令：以笔画的方式显示画笔。

"预设管理器"命令：用于在弹出的"预设管理器"对话框中编辑画笔。

"复位画笔"命令：用于恢复为默认状态的画笔。

"载入画笔"命令：用于将存储的画笔载入面板。

"存储画笔"命令：用于对当前的画笔进行存储。

"替换画笔"命令：用于载入新画笔并替换当前画笔。

  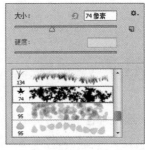

图 4-4   图 4-5   图 4-6

在画笔选择面板中单击▣按钮，弹出图 4-7 所示的"画笔名称"对话框。在属性栏中单击▣按钮，弹出图 4-8 所示的"画笔"控制面板。

图 4-7

● 在"画笔预设"控制面板中选择画笔

选择"窗口 > 画笔"命令，或按 F5 键，弹出"画笔"控制面板，单击"画笔预设"按钮，弹出"画笔预设"控制面板，如图 4-9 所示。在"画笔预设"控制面板中单击需要的画笔，即可选择该画笔。

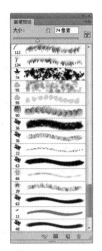

图 4-8   图 4-9

3. 设置画笔

- "画笔笔尖形状"选项

在"画笔"控制面板中，单击"画笔笔尖形状"选项，切换到相应的控制面板，如图 4-10 所示。通过"画笔笔尖形状"选项可以设置画笔的形状。

"大小"选项：用于设置画笔的大小。

"翻转 X"/"翻转 Y"复选框：用于改变画笔笔尖在其 x 轴或 y 轴的方向。

"角度"选项：用于设置画笔的倾斜角度。

"圆度"选项：用于设置画笔的圆滑度。

"硬度"选项：用于设置用画笔所画图像的边缘的柔化程度。

"间距"选项：用于设置用画笔画出的标记点之间的距离。

- "形状动态"选项

在"画笔"控制面板中，单击"形状动态"选项，切换到相应的控制面板，如图 4-11 所示。通过"形状动态"选项可以增加画笔的动态效果。

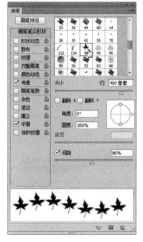

图 4-10   图 4-11

"大小抖动"选项：用于设置动态元素的自由度。数值设置为100%时，用画笔绘制的元素会出现最大的自由度；数值设置为0%时，用画笔绘制的元素没有变化。

在"控制"下拉列表中可以选择各个选项，以控制动态元素的变化，包括有关、渐隐、钢笔压力、钢笔斜度、光笔轮和旋转6个选项。

"最小直径"选项：用于设置画笔的最小尺寸。

"倾斜缩放比例"选项：在"控制"下拉列表中选择"钢笔斜度"后，可以设置画笔的倾斜比例。在使用数位板时此选项才有效。

"角度抖动"和"控制"选项："角度抖动"选项用于设置用画笔绘制线条的过程中标记点角度的动态变化效果；在"控制"下拉列表中可以选择各个选项来控制角度抖动的变化。

"圆度抖动"和"控制"选项："圆度抖动"选项用于设置用画笔绘制线条的过程中标记点圆度的动态变化效果；在"控制"下拉列表中可以选择各个选项来控制圆度抖动的变化。

"最小圆度"选项：用于设置画笔标记点的最小圆度。

● "散布"选项

在"画笔"控制面板中，单击"散布"选项，切换到相应的控制面板，如图4-12所示。

"散布"选项：用于设置用画笔绘制的线条中标记点的分布效果。不勾选"两轴"复选框，画笔标记点的分布方向与线条方向垂直；勾选"两轴"复选框，画笔标记点将以放射状分布。

"数量"选项：用于设置每个空间间隔中画笔标记点的数量。

"数量抖动"选项：用于设置每个空间间隔中画笔标记点的数量变化。在"控制"下拉列表中可以选择各个选项来控制数量抖动的变化。

● "纹理"选项

在"画笔"控制面板中，单击"纹理"选项，切换到相应的控制面板，如图4-13所示。通过"纹理"选项可以使画笔纹理化。

图4-12

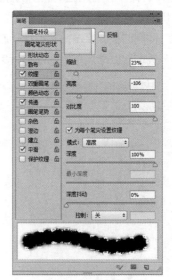

图4-13

控制面板的上面有纹理的预览图，单击右侧的▾按钮，在弹出的面板中可以选择需要的图案。勾选"反相"复选框，可以设置纹理的反相效果。

"缩放"选项：用于设置图案的缩放比例。

"最小深度"选项：用于设置油彩可渗入纹理的最小深度。当将"深度抖动"下面的"控制"选项设置为"渐隐""钢笔压力""钢笔斜度""光笔轮"或"旋转"选项，并且选中"为每个笔尖设置纹理"复选框时可用。

"模式"选项：用于设置画笔和图案之间的混合模式。

"深度"选项：用于设置画笔混合图案的深度。

"最小深度"选项：用于设置画笔混合图案的最小深度。

"深度抖动"选项：用于设置画笔混合图案的深度变化。

● "双重画笔"选项

在"画笔"控制面板中，单击"双重画笔"选项，切换到相应的控制面板，如图 4-14 所示。"双重画笔"效果就是两种画笔的混合效果。

在控制面板的"模式"下拉列表中，可以选择两种画笔的混合模式。在画笔预览框中选择一种画笔作为第二个画笔。

"大小"选项：用于设置第二个画笔的大小。

"间距"选项：用于设置用第二个画笔绘制的线条中的标记点之间的距离。

"散布"选项：用于设置用第二个画笔绘制的线条中标记点的分布效果。不勾选"两轴"复选框，画笔的标记点的分布方向与线条方向垂直；勾选"两轴"复选框，画笔标记点将以放射状分布。

"数量"选项：用于设置每个空间间隔中第二个画笔标记点的数量。

● "颜色动态"选项

在"画笔"控制面板中，单击"颜色动态"选项，切换到相应的控制面板，如图 4-15 所示。"颜色动态"选项用于设置在用画笔进行绘制的过程中颜色的动态变化情况。

"前景/背景抖动"选项：用于设置用画笔绘制的线条在前景色和背景色之间的动态变化。

"色相抖动"选项：用于设置用画笔绘制的线条的色相的动态变化范围。

"饱和度抖动"选项：用于设置用画笔绘制的线条的饱和度的动态变化范围。

"亮度抖动"选项：用于设置用画笔绘制的线条的亮度的动态变化范围。

"纯度"选项：用于设置颜色的纯度。

● 画笔的其他选项

其他选项如图 4-16 所示。

"传递"选项：可以为画笔颜色添加递增或递减效果。

"杂色"选项：可以为画笔增加杂色效果。

"湿边"选项：可以为画笔增加水笔的效果。

"建立"选项：可以使画笔变为喷枪的建立效果。

"平滑"选项：可以使画笔绘制的线条产生更平滑、顺畅的效果。

"保护纹理"选项：可以对所有的画笔应用相同的纹理图案。

图4-14　　　　　　　　　图4-15　　　　　　　　　图4-16

4. 载入画笔

单击"画笔预设"控制面板右上方的 图标，在弹出的菜单中选择"载入画笔"命令，弹出"载入"对话框。

在"载入"对话框中，选择"Photoshop CS6 > 预置 > 画笔"文件夹，将显示多种可以载入的画笔文件。选择需要的画笔文件，单击"载入"按钮，将画笔载入。

5. 制作画笔

打开一个图像，如图4-17所示。按 Ctrl+A 组合键，将图像全选，如图4-18所示。选择"编辑 > 定义画笔预设"命令，弹出"画笔名称"对话框，选项的设置如图4-19所示。单击"确定"按钮，将选取的图像定义为画笔。

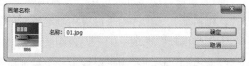

图4-17　　　　　　　　图4-18　　　　　　　　　　　　　图4-19

在画笔预览框中可以看到刚制作好的画笔，如图4-20所示。选择制作好的画笔，在属性栏中进行设置，再单击"启用喷枪模式"按钮 ，选择喷枪效果，如图4-21所示。

图4-20　　　　　　　　　　　　　　图4-21

打开原图像，如图4-22所示。将鼠标指针放在图像中适当的位置，按住鼠标左键即可喷绘出新制作的画笔效果，如图 4-23 所示。喷绘时按住鼠标左键的时间长短决定画笔图像颜色的深浅，对比效果如图 4-24 右侧所示。

图 4-22

图 4-23

图 4-24

6. "铅笔"工具

使用"铅笔"工具 可以模拟铅笔的效果进行绘画。启用"铅笔"工具 有以下两种方法。

● 单击工具箱中的"铅笔"工具 。

● 反复按 Shift+B 组合键。

启用"铅笔"工具 ，其属性栏如图 4-25 所示。

图 4-25

在"铅笔"工具 的属性栏中，"画笔预设"选项用于选择画笔；"模式"选项用于选择混合模式；"不透明度"选项用于设置不透明度；"自动抹除"选项用于自动判断绘画时的起始点颜色，如果起始点颜色为背景色，则"铅笔"工具 将以前景色进行绘制；反之如果起始点颜色为前景色，"铅笔"工具 则会以背景色进行绘制。

使用"铅笔"工具 ：启用"铅笔"工具 ，在"铅笔"工具 的属性栏中选择画笔（见图 4-26），勾选"自动抹除"复选框。此时，绘制效果与单击的起始点颜色有关。当单击的起始点颜色与前景色相同时，"铅笔"工具 将行使"橡皮擦"工具 的功能，以背景色绘图；如果单击的起始点颜色不是前景色，绘图时仍然会以前景色进行绘制。

例如，将前景色和背景色分别设置为紫色和白色。在图中单击，画出一个紫色的点。在紫色区域内单击绘制下一个点，其颜色就会变成白色。重复以上操作，得到的效果如图 4-27 所示。

图 4-26

图 4-27

7. "颜色替换"工具

"颜色替换"工具 可以用于对图像的颜色进行改变。启用"颜色替换"工具 有以下两种方法。

● 单击工具箱中的"颜色替换"工具 。

● 反复按 Shift+B 组合键。

启用"颜色替换"工具，其属性栏如图 4-28 所示。

图 4-28

在"颜色替换"工具的属性栏中，"画笔预设"选项用于设置画笔的形状和大小，"模式"选项用于选择绘制的颜色模式，"取样"选项用于设置取样的类型，"限制"选项用于选择擦除界限，"容差"选项用于设置颜色替换的范围。

"颜色替换"工具可以在图像中非常容易地改变任何区域的颜色。

使用"颜色替换"工具：打开一个图像，效果如图 4-29 所示。设置前景色为蓝色，并在"颜色替换"工具的属性栏中设置画笔的属性，如图 4-30 所示。在图像上绘制时，"颜色替换"工具可以根据绘制区域的图像颜色，自动生成绘制区域，效果如图 4-31 所示。使用"颜色替换"工具可以将坐垫由灰色变成蓝色，效果如图 4-32 所示。

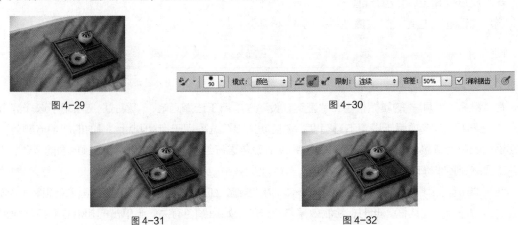

图 4-29

图 4-30

图 4-31

图 4-32

4.1.2　课堂案例——制作欢乐假期宣传海报插画

【案例学习目标】学习使用画笔工具绘制气球。

【案例知识要点】使用"矩形选框"工具绘制选区，使用"定义画笔预设"命令存储形状，使用"画笔"工具绘制形状，最终效果如图 4-33 所示。

制作欢乐假期
宣传海报插画

图 4-33

【效果所在位置】Ch04\效果\制作欢乐假期宣传海报插画.psd。

（1）按 Ctrl+O 组合键，打开云盘中的"Ch04 > 素材 > 制作欢乐假期宣传海报插画 > 01、02"文件。在 02 图像窗口中，按住 Ctrl 键的同时，在"图层"控制面板中单击"图层 1"的缩览图，图像周围会生成选区，如图 4-34 所示。

（2）选择"矩形选框"工具 ⬚，在属性栏中单击"从选区减去"按钮 ⬚，在气球的下方绘制一个矩形框，减去相交的区域，如图 4-35 所示。选择"编辑 > 定义画笔预设"命令，弹出"画笔名称"对话框，在"名称"选项的文本框中输入"气球"，如图 4-36 所示，单击"确定"按钮，将气球形状定义为画笔。按 Ctrl+D 组合键，取消选区。

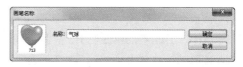

图 4-34   图 4-35   图 4-36

（3）选择"移动"工具 ⊕，将 02 图像拖曳到 01 图像窗口中适当的位置并调整其大小，按 Enter 键确认操作，效果如图 4-37 所示。"图层"控制面板中会生成新的图层，将其重命名为"气球"，如图 4-38 所示。

（4）按 Ctrl+O 组合键，打开云盘中的"Ch04 > 素材 > 制作欢乐假期宣传海报插画 > 03"文件。选择"移动"工具 ⊕，将 03 图像拖曳到 01 图像窗口中适当的位置，如图 4-39 所示。"图层"控制面板中会生成新的图层，将其重命名为"热气球"。

图 4-37   图 4-38   图 4-39

（5）新建一个图层并将其重命名为"气球 2"，"图层"控制面板如图 4-40 所示。将前景色设置为紫色（170、105、250）。选择"画笔"工具 ✎，在属性栏中单击"画笔预设"选项右侧的 按钮，在弹出的画笔选择面板中选择刚才定义好的气球形状画笔，各选项的设置如图 4-41 所示。

（6）在属性栏中单击"启用喷枪模式"按钮 ⬚，在图像窗口中单击绘制一个气球图形。按 [和] 键调整画笔大小，再次绘制一个气球图形，图像效果如图 4-42 所示。将前景色设置为蓝色（105、182、250）。使用相同的方法制作其他气球，效果如图 4-43 所示。欢乐假期宣传海报插画制作完成。

图 4-40   图 4-41   图 4-42   图 4-43

4.1.3 橡皮擦工具的使用

橡皮擦工具用于擦除图像中的颜色。下面将具体介绍如何使用橡皮擦工具。

1. "橡皮擦"工具

使用"橡皮擦"工具 可以用背景色擦除背景图像，也可以用透明色擦除图层中的图像。启用"橡皮擦"工具 有以下两种方法。

● 单击工具箱中的"橡皮擦"工具 。

● 反复按 Shift+E 组合键。

启用"橡皮擦"工具 ，其属性栏如图 4-44 所示。

在"橡皮擦"工具 的属性栏中，"画笔预设"选项用于选择橡皮擦的形状和大小，"模式"选项用于选择擦除的笔触方式，"不透明度"选项用于设置不透明度，"流量"选项用于设置扩散的速度，"抹到历史记录"选项用于以"历史"控制面板中确定的图像状态来擦除图像。

使用"橡皮擦"工具 ：选择"橡皮擦"工具 ，在图像中单击并按住鼠标左键，拖曳鼠标可以擦除图像。用背景色擦除图像的效果如图 4-45 所示。

画笔预设

图 4-44 图 4-45

2. "背景橡皮擦"工具

"背景橡皮擦"工具 可以用来擦除指定的颜色。启用"背景橡皮擦"工具 有以下两种方法。

● 单击工具箱中的"背景橡皮擦"工具 。

● 反复按 Shift+E 组合键。

启用"背景橡皮擦"工具 ，其属性栏如图 4-46 所示。

取样

图 4-46

在"背景橡皮擦"工具 的属性栏中，"画笔预设"选项用于选择橡皮擦的形状和大小，"取样"选项用于设置取样的类型，"限制"选项用于选择擦除界限，"容差"选项用于设置容差值，"保护前景色"选项用于保护前景色不被擦除。

使用"背景橡皮擦"工具 ：选择"背景橡皮擦"工具 ，在属性栏中进行图 4-47 所示的设置，在图像中使用"背景橡皮擦"工具 擦除图像，效果如图 4-48 所示。

图 4-47 图 4-48

3. "魔术橡皮擦"工具

使用"魔术橡皮擦"工具 可以擦除颜色相近的区域。启用"魔术橡皮擦"工具 有以下两种方法。

● 单击工具箱中的"魔术橡皮擦"工具 。

● 反复按 Shift+E 组合键。

启用"魔术橡皮擦"工具 ，其属性栏如图 4-49 所示。

在"魔术橡皮擦"工具 的属性栏中，"容差"选项用于设置容差值，容差值的大小决定"魔术橡皮擦"工具 擦除图像的面积；"消除锯齿"选项用于消除锯齿；"连续"选项作用于当前图层；"对所有图层取样"选项作用于所有图层；"不透明度"选项用于设置不透明度。

使用"魔术橡皮擦"工具 ：启用"魔术橡皮擦"工具 ，保持"魔术橡皮擦"工具 的属性栏中的默认值不变，用"魔术橡皮擦"工具 擦除图像，图像的效果如图 4-50 所示。

图 4-49　　　　　　　　　　　　　　　　图 4-50

4.2 修图工具的使用

修图工具用于对图像的细微部分进行修整，是在处理图像时不可缺少的工具。下面介绍较常用的修图工具——图章工具。

4.2.1 图章工具的使用

图章工具可以以预先指定的像素或定义的图案对复制对象进行复制。

1. "仿制图章"工具

使用"仿制图章"工具 可以以指定的像素为复制基准点，将其周围的图像复制到其他地方。启用"仿制图章"工具 有以下两种方法。

● 单击工具箱中的"仿制图章"工具 。

● 反复按 Shift+S 组合键。

启用"仿制图章"工具 ，其属性栏如图 4-51 所示。

图 4-51

在"仿制图章"工具 的属性栏中，"画笔预设"选项用于选择画笔，"模式"选项用于选择混合模式，"不透明度"选项用于设置不透明度，"流量"选项用于设置扩散的速度，"对齐"选项用于控制是否在复制时使用对齐功能，"样本"选项用于指定图层进行数据取样。

使用"仿制图章"工具：启用"仿制图章"工具，将鼠标指针放在图像中需要复制的位置，如图 4-52 所示。按住 Alt 键，鼠标指针变为圆形十字图标，单击，定下取样点，在合适的位置单击并按住鼠标左键，拖曳鼠标复制出取样点及其周围的图像，效果如图 4-53 所示。

图 4-52

图 4-53

2. "图案图章"工具

使用"图案图章"工具可以以预先定义的图案对复制对象进行复制。启用"图案图章"工具有以下两种方法。

● 单击工具箱中的"图案图章"工具。

● 反复按 Shift+S 组合键。

启用"图案图章"工具，其属性栏中的选项基本与"仿制图章"工具属性栏中的选项相同，但多了一个用于选择复制图案的图案选项，如图 4-54 所示。

图 4-54

使用"图案图章"工具：启用"图案图章"工具，用"矩形选框"工具绘制出要定义为图案的图像选区，如图 4-55 所示。选择"编辑 > 定义图案"命令，弹出"图案名称"对话框，如图 4-56 所示，单击"确定"按钮，定义选区中的图像为图案。

图 4-55

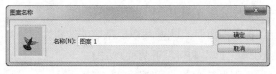

图 4-56

在"图案图章"工具的属性栏中选择定义的图案，如图 4-57 所示。按 Ctrl+D 组合键，取消图像中的选区。选择"图案图章"工具，在合适的位置单击并按住鼠标左键，拖曳鼠标复制出定义的图案，效果如图 4-58 所示。

图 4-57

图 4-58

4.2.2　课堂案例——修复人物照片

【案例学习目标】学习使用"仿制图章"工具擦除图像中多余的碎发。

【案例知识要点】使用"仿制图章"工具清除照片中多余的碎发，最终效果如图 4-59 所示。

修复人物照片

图 4-59

【效果所在位置】Ch04\效果\修复人物照片.psd。

（1）按 Ctrl+O 组合键，打开云盘中的"Ch04 > 素材 > 修复人物照片 > 01"文件，如图 4-60 所示。将"背景"图层拖曳到"图层"控制面板下方的"创建新图层"按钮 上进行复制，生成新的图层"背景 副本"，如图 4-61 所示。

（2）选择"缩放"工具 ，将图像的局部放大。选择"仿制图章"工具 ，在属性栏中单击"画笔预设"选项右侧的 按钮，在弹出的画笔选择面板中选择需要的画笔，各选项的设置如图 4-62 所示。

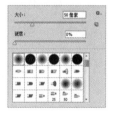

图 4-60　　　　　　　　　　　图 4-61　　　　　　　　　　　图 4-62

（3）将鼠标指针放置到图像中需要复制的位置，按住 Alt 键，鼠标指针变为圆形十字图标 ，如图 4-63 所示。单击，确定取样点，在图像窗口中需要清除的位置多次单击，清除图像中多余的碎发，效果如图 4-64 所示。使用相同的方法，清除图像中其他部位多余的碎发，图像效果如图 4-65 所示。人物照片修复完成。

图 4-63　　　　　　　　　　　图 4-64　　　　　　　　　　　图 4-65

4.2.3　"污点修复画笔"工具与"修复画笔"工具的使用

"污点修复画笔"工具 可以快速地清除照片中的污点，"修复画笔"工具 可以修复旧照片或有破损的图像。

1. "污点修复画笔"工具

启用"污点修复画笔"工具![]有以下两种方法。

- 单击工具箱中的"污点修复画笔"工具![]。
- 反复按 Shift+J 组合键。

启用"污点修复画笔"工具![]，其属性栏如图 4-66 所示。

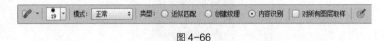

图 4-66

在"污点修复画笔"工具![]的属性栏中，"画笔"选项用于设置修复画笔的大小等。单击"画笔"选项右侧的·按钮，在弹出的面板中可以设置画笔的大小、硬度、间距、角度、圆度和压力大小，如图 4-67 所示。在"模式"下拉列表中可以选择复制像素或填充图案与底图的混合模式。选择"近似匹配"单选项能使用选区边缘近似的像素来匹配用于修补的图像区域。选择"创建纹理"单选项能使用选区中的所有像素创建一个用于修复该区域的纹理。

使用"污点修复画笔"工具![]：打开一个图像，如图 4-68 所示。选择"污点修复画笔"工具![]，在属性栏中设置画笔的大小，在图像中需要修复的位置单击，修复的效果如图 4-69 所示。

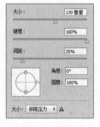
图 4-67

图 4-68

图 4-69

2. "修复画笔"工具

启用"修复画笔"工具![]有以下两种方法。

- 单击工具箱中的"修复画笔"工具![]。
- 反复按 Shift+J 组合键。

启用"修复画笔"工具![]，其属性栏如图 4-70 所示。

图 4-70

在"修复画笔"工具![]的属性栏中，"画笔"选项可以用于设置修复画笔的大小。单击"画笔"选项右侧的·按钮，在弹出的面板中可以设置画笔的大小、硬度、间距、角度、圆度和压力大小，如图 4-71 所示。在"模式"下拉列表中可以选择复制像素或填充图案与底图的混合模式。在选择"源"选项组中的"取样"选项后，按住 Alt 键，此时鼠标指针变为圆形十字图标⊕，单击定下样本的取样点，在图像中要修复的位置单击并按住鼠标左键，拖曳鼠标复制出取样点的图像；在选择"图案"选项后，可以在"图案"对话框中选择图案或自定义图案来填充图像。勾选"对齐"复选框，下一次的复制位置会和上次的完全重合。图像不会因为重新复制而出现错位。

使用"修复画笔"工具：："修复画笔"工具可以将取样点的像素信息非常自然地复制到图像的破损位置，并保持图像的亮度、饱和度、纹理等属性。使用"修复画笔"工具修复图像前后的效果如图 4-72 和图 4-73 所示。

图 4-71   图 4-72   图 4-73

在"修复画笔"工具的属性栏中选择需要的图案，如图 4-74 所示。使用"修复画笔"工具填充图案的效果如图 4-75 和图 4-76 所示。

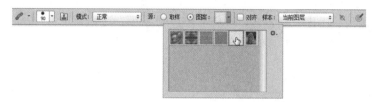

图 4-74

图 4-75   图 4-76

4.2.4 课堂案例——清除照片中的涂鸦

【案例学习目标】学习使用"修复画笔"工具修复图片。

【案例知识要点】使用"修复画笔"工具清除照片中的涂鸦，最终效果如图 4-77 所示。

图 4-77

清除照片中的涂鸦

【效果所在位置】Ch04\效果\清除照片中的涂鸦.psd。

（1）按 Ctrl+O 组合键，打开云盘中的"Ch04 > 素材 > 清除照片中的涂鸦 > 01"文件，如图 4-78 所示。将"背景"图层拖曳到"图层"控制面板下方的"创建新图层"按钮 上进行复制，生成新的图层"背景 副本"，如图 4-79 所示。

图 4-78

图 4-79

（2）选择"修复画笔"工具 ，在属性栏中单击"画笔"选项右侧的 按钮，各选项的设置如图 4-80 所示。按住 Alt 键，鼠标指针变为圆形十字图标 ，如图 4-81 所示，单击确定取样点。在适当的位置拖曳鼠标复制取样点的图像，效果如图 4-82 所示。使用相同的方法分别修复其他涂鸦，制作出图 4-83 所示的效果。照片中的涂鸦清除完成。

图 4-80

图 4-81

图 4-82

图 4-83

4.2.5 "修补"工具、"内容感知移动"工具与"红眼"工具的使用

"修补"工具 可以对图像进行修补，"内容感知移动"工具可以通过内容感知对图像进行重组和混合，"红眼"工具 可以对图像的颜色进行改变。

1. "修补"工具

"修补"工具 可以用图像中的其他区域来修补当前选中的需要修补的区域，也可以使用图案来修补需要修补的区域。

启用"修补"工具 有以下两种方法。

● 单击工具箱中的"修补"工具 。

● 反复按 Shift+J 组合键。

启用"修补"工具 ，其属性栏如图 4-84 所示。

图 4-84

使用"修补"工具 ：打开一个图像，用"修补"工具 圈选图像中的叶子，如图 4-85 所示。

选择"修补"工具的属性栏中的"源"选项,在圈选的叶子中按住鼠标左键拖曳,将选区放置到需要的位置,效果如图 4-86 所示。松开鼠标左键,选区中的叶子会被新选区中的图像替代,效果如图 4-87 所示。按 Ctrl+D 组合键,取消选区,修补的效果如图 4-88 所示。

图 4-85   图 4-86   图 4-87   图 4-88

选择"修补"工具的属性栏中的"目标"选项,用"修补"工具圈选图像中的叶子,如图 4-89 所示。将选区拖曳到要修补的图像区域,效果如图 4-90 所示。新选区中出现了叶子,如图 4-91 所示。按 Ctrl+D 组合键,取消选区,修补效果如图 4-92 所示。

图 4-89   图 4-90   图 4-91   图 4-92

用"修补"工具在图像中圈选出需要使用图案的选区,如图 4-93 所示。此时,"修补"工具的属性栏中的"使用图案"按钮处于可用状态,选择需要的图案,如图 4-94 所示。单击"使用图案"按钮,选区中会填充所选的图案,按 Ctrl+D 组合键,取消选区,填充效果如图 4-95 所示。

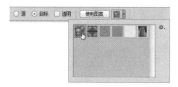

图 4-93   图 4-94   图 4-95

使用图案进行修补时,可以勾选"修补"工具的属性栏中的"透明"复选框,将用来修补的图案变为透明。用"修补"工具在图像中圈选出需要使用图案的选区,如图 4-96 所示。选择需要的图案,再勾选"透明"复选框,如图 4-97 所示。单击"使用图案"按钮,选区中会填充透明的图案,按 Ctrl+D 组合键,取消选区,填充图案的效果如图 4-98 所示。

图 4-96   图 4-97   图 4-98

2. "内容感知移动"工具

"内容感知移动"工具是 Photoshop CS6 新增的工具,使用它将选中的对象移动或扩展到图像的其他区域后，可进行重组和混合，产生出色的视觉效果。启用"内容感知移动"工具 有以下两种方法。

- 单击工具箱中的"内容感知移动"工具 。
- 反复按 Shift+J 组合键。

启用"内容感知移动"工具 ，其属性栏如图 4-99 所示。

图 4-99

在"内容感知移动"工具 的属性栏中，"模式"选项用于选择重新混合的模式，"适应"选项用于选择区域保留的严格程度。

使用"内容感知移动"工具 ：打开一个图像，如图 4-100 所示。启用"内容感知移动"工具 ，在"内容感知移动"工具 的属性栏中将"模式"选项设置为"移动"，在窗口中单击并拖曳鼠标绘制选区，将叶子选中，如图 4-101 所示。将鼠标指针放置在选区中，单击并向左上方拖曳鼠标，如图 4-102 所示。松开鼠标左键后，软件会自动将叶子移动到新位置，如图 4-103 所示。

图 4-100   图 4-101   图 4-102   图 4-103

打开一个图像，如图 4-104 所示。启用"内容感知移动"工具 ，在"内容感知移动"工具 的属性栏中将"模式"选项设置为"扩展"，在窗口中单击并拖曳鼠标绘制选区，将叶子选中，如图 4-105 所示。将鼠标指针放置在选区中，单击并向左上方拖曳鼠标，如图 4-106 所示。松开鼠标左键后，软件会自动将叶子复制到新位置，如图 4-107 所示。

图 4-104   图 4-105   图 4-106   图 4-107

3. "红眼"工具

使用"红眼"工具 可移去用闪光灯拍摄的人物照片中的红眼。启用"红眼"工具 有以下两种方法。

- 单击工具箱中的"红眼"工具 。
- 反复按 Shift+J 组合键。

启用"红眼"工具 ，其属性栏如图 4-108 所示。

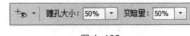

图 4-108

在"红眼"工具 的属性栏中，"瞳孔大小"选项用于设置瞳孔的大小，"变暗量"选项用于设置瞳孔的暗度。

4.2.6 "模糊"工具、"锐化"工具和"涂抹"工具的使用

"模糊"工具 ○ 用于使图像的色彩变模糊。 "锐化"工具 △ 用于使图像的色彩变强烈。 "涂抹"工具 ○ 用于制作出一种类似于水彩画的效果。

1. "模糊"工具

单击工具箱中的"模糊"工具 ○ ，启用"模糊"工具 ○ ，其属性栏如图 4-109 所示。

图 4-109

在"模糊"工具 ○ 的属性栏中， "画笔预设"选项用于选择画笔的形状， "模式"选项用于设置混合模式， "强度"选项用于设置压力的大小， "对所有图层取样"选项用于确定该工具是否对所有可见图层起作用。

使用"模糊"工具 ○ ：启用"模糊"工具 ○ ，在属性栏中进行图 4-110 所示的设置。在图像中单击并按住鼠标左键拖曳，可使图像产生模糊的效果。原图像和模糊后的图像效果如图 4-111 和图 4-112 所示。

图 4-110

图 4-111

图 4-112

2. "锐化"工具

单击工具箱中的"锐化"工具 △ ，启用"锐化"工具 △ ，其属性栏如图 4-113 所示。其属性栏中的选项与"模糊"工具 ○ 的属性栏中的选项类似。

图 4-113

使用"锐化"工具 △ ：启用"锐化"工具 △ ，在属性栏中进行图 4-114 所示的设置。在图像中单击并按住鼠标左键拖曳，可使图像产生锐化的效果。原图像和锐化后的图像效果如图 4-115 和图 4-116 所示。

图 4-114

图 4-115

图 4-116

3. "涂抹"工具

单击工具箱中的"涂抹"工具，启用"涂抹"工具，其属性栏如图 4-117 所示。其属性栏中的选项与"模糊"工具的属性栏中的选项类似，只是多了一个"手指绘画"选项，用于设置是否按前景色进行涂抹。

图 4-117

使用"涂抹"工具：启用"涂抹"工具，在属性栏中进行图 4-118 所示的设置。在图像中单击并按住鼠标左键拖曳，使图像产生涂抹的效果。原图像和涂抹后的图像效果如图 4-119和图 4-120 所示。

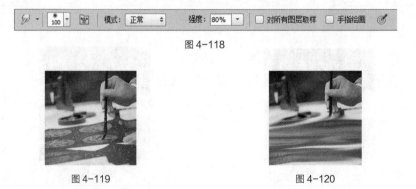

图 4-118

图 4-119

图 4-120

4.2.7 "减淡"工具、"加深"工具和"海绵"工具的使用

"减淡"工具用于使图像的亮度提高。"加深"工具用于使图像的亮度降低。"海绵"工具用于增加或减少图像的色彩饱和度。

1. "减淡"工具

启用"减淡"工具有以下两种方法。

● 单击工具箱中的"减淡"工具。

● 反复按 Shift+O 组合键。

启用"减淡"工具，其属性栏如图 4-121 所示。"画笔预设"选项用于选择画笔的形状，"范围"选项用于设置图像中所要提高亮度的区域，"曝光度"选项用于设置曝光的强度。

图 4-121

使用"减淡"工具 🔍：启用"减淡"工具 🔍，在属性栏中进行图 4-122 所示的设置。在图像中单击并按住鼠标左键拖曳，使图像产生减淡的效果。原图像和减淡后的图像效果如图 4-123 和图 4-124 所示。

图 4-122

图 4-123

图 4-124

2. "加深"工具

启用"加深"工具 ◎ 有以下两种方法。

- 单击工具箱中的"加深"工具 ◎。
- 反复按 Shift+O 组合键。

启用"加深"工具 ◎，其属性栏如图 4-125 所示。其属性栏中的选项与"减淡"工具 🔍 的属性栏中的选项的作用正好相反。

图 4-125

使用"加深"工具 ◎：启用"加深"工具 ◎，在属性栏中进行图 4-126 所示的设置。在图像中单击并按住鼠标左键拖曳，使图像产生加深的效果。原图像和加深后的图像效果如图 4-127 和图 4-128 所示。

图 4-126

图 4-127

图 4-128

3. "海绵"工具

启用"海绵"工具 ◉ 有以下两种方法。

- 单击工具箱中的"海绵"工具 ◉。
- 反复按 Shift+O 组合键。

启用"海绵"工具 ◉，其属性栏如图 4-129 所示。"画笔预设"选项用于选择画笔的形状，"模式"选项用于设置饱和度的处理方式，"流量"选项用于设置扩散的速度。

图 4-129

使用"海绵"工具 ◉：启用"海绵"工具 ◉，在属性栏中进行图 4-130 所示的设置。在图像中单击并按住鼠标左键拖曳，使图像产生色彩饱和度增加的效果。原图像和使用"海绵"工具 ◉ 后的图像效果如图 4-131 和图 4-132 所示。

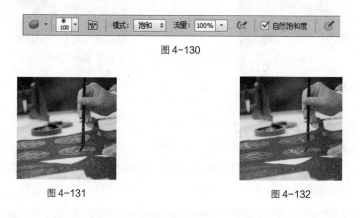

图 4-130

图 4-131　　　　　　　　　　　　　　图 4-132

4.3　填充工具的使用

使用填充工具可以对选定的区域进行色彩或图案的填充。下面将具体介绍填充工具的使用方法和操作技巧。

4.3.1　"渐变"工具和"油漆桶"工具的使用

使用"渐变"工具 ▣ 可以在图像或图层中形成一种色彩渐变的效果。使用"油漆桶"工具 ▨ 可以在图像或选区中对指定色差范围内的色彩区域进行色彩或图案的填充。

1. "渐变"工具的使用

启用"渐变"工具 ▣ 有以下两种方法。

- 单击工具箱中的"渐变"工具 ▣。
- 反复按 Shift+G 组合键。

"渐变"工具 ▣ 的属性栏中有"线性渐变"按钮 ▣、"径向渐变"按钮 ▣、"角度渐变"按钮 ▣、"对称渐变"按钮 ▤ 和"菱形渐变"按钮 ▣。启用"渐变"工具 ▣，其属性栏如图 4-133 所示。

图 4-133

在"渐变"工具█的属性栏中，"点按可编辑渐变"按钮█████▐用于选择和编辑渐变的色彩，
████按钮用于设置不同类型的渐变，"模式"选项用于选择着色的模式，"不透明度"选项用
于设置不透明度，"反向"选项用于产生色彩渐变反向的效果，"仿色"选项用于使渐变更平滑，"透
明区域"选项用于产生不透明度。

如果要自行编辑渐变的形式和色彩，可单击"点按可编辑渐变"按钮█████▐，在弹出的图 4-134
所示的"渐变编辑器"对话框中进行操作。

图 4-134

（1）设置渐变颜色。在"渐变编辑器"对话框中，单击色带下边的适当位置，可以增加色标，如
图 4-135 所示。在下面的"颜色"选项中选择颜色，或双击刚建立的色标，弹出"拾色器"对话框，
如图 4-136 所示，在其中选择适合的颜色，单击"确定"按钮，色标颜色就改变了。在"位置"数值
框中输入数值或直接拖曳色标，都可以调整色标的位置。

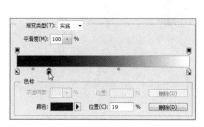

图 4-135

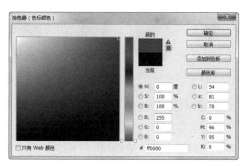

图 4-136

任意选择一个色标，如图 4-137 所示，单击下面的"删除"按钮或按 Delete 键，可以将色标删
除，如图 4-138 所示。

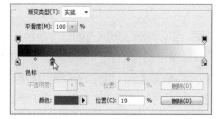

图 4-137

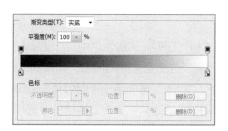

图 4-138

在"渐变编辑器"对话框中，单击色带左上方的色标，如图 4-139 所示。再调整"不透明度"选项，可以使开始的颜色到结束的颜色显示出透明的效果，如图 4-140 所示。

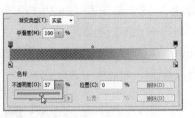

图 4-139   图 4-140

在"渐变编辑器"对话框中，单击色带的上方，会出现新的色标，如图 4-141 所示。调整"不透明度"选项，可以使新色标两边的颜色出现过渡式的透明效果，如图 4-142 所示。如果想删除色标，单击下面的"删除"按钮或按 Delete 键即可。

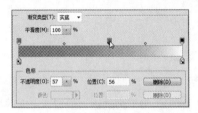

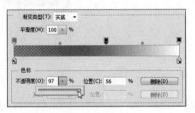

图 4-141   图 4-142

（2）使用渐变工具。选择不同的渐变工具 ，在图像中单击并按住鼠标左键，拖曳鼠标到适当的位置，松开鼠标左键，可以绘制出不同的渐变效果，如图 4-143 所示。

图 4-143

2. "油漆桶"工具的使用

启用"油漆桶"工具 有以下两种方法。

- 单击工具箱中的"油漆桶"工具 。
- 反复按 Shift+G 组合键。

启用"油漆桶"工具 ，其属性栏如图 4-144 所示。

图 4-144

在"油漆桶"工具 的属性栏中，"设置填充区域的源"选项用于选择填充的是前景色还是图案；"图案"选项用于选择定义好的图案；"模式"选项用于选择着色的模式；"不透明度"选项用于设置不透明度；"容差"选项用于设置色差的范围，数值越小，容差越小，填充的区域也越小；"消除锯齿"选项用于消除边缘锯齿；"连续的"选项用于设置填充方式；"所有图层"选项用于选择是否对所有可见图层进行填充。

使用"油漆桶"工具：原图像如图 4-145 所示。设置前景色。启用"油漆桶"工具，在适当的位置单击，如图 4-146 所示，填充颜色，如图 4-147 所示。多次单击，填充其他位置的颜色，如图 4-148 所示。设置其他颜色后，分别填充适当的区域，如图 4-149 所示。

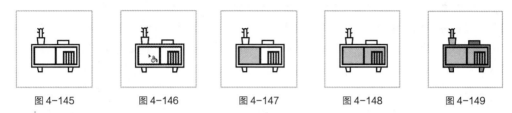

图 4-145　　　　图 4-146　　　　图 4-147　　　　图 4-148　　　　图 4-149

在"油漆桶"工具的属性栏中对"填充"和"图案"选项进行设置，如图 4-150 所示。用"油漆桶"工具在图像中进行填充，效果如图 4-151 所示。

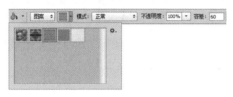

图 4-150

图 4-151

4.3.2　"填充"命令的使用

选择"填充"命令可以对选定的区域进行填色。

1. "填充"对话框

选择"编辑 > 填充"命令，系统将弹出"填充"对话框，如图 4-152 所示。

在"填充"对话框中，"使用"选项用于选择填充方式，包括使用前景色、背景色、颜色、内容识别、图案、历史记录、黑色、50%灰色、白色进行填充；"模式"选项用于设置填充模式；"不透明度"选项用于调整不透明度。

图 4-152

2. 填充颜色

打开一个图像，在图像中绘制出选区，如图 4-153 所示。选择"编辑 > 填充"命令，弹出"填充"对话框，进行图 4-154 所示的设置，单击"确定"按钮，填充的效果如图 4-155 所示。

图 4-153

图 4-154

图 4-155

技巧　　　按 Alt+Backspace 组合键，可使用前景色填充选区或图层。按 Ctrl+Backspace 组合键，可使用背景色填充选区或图层。按 Delete 键，将删除选区内的图像，露出背景色或下面的图像。

打开一个图像并绘制出要定义为图案的选区，如图 4-156 所示。选择"编辑 > 定义图案"命令，弹出"图案名称"对话框，如图 4-157 所示，单击"确定"按钮，图案定义完成。按 Ctrl+D 组合键，取消选区。

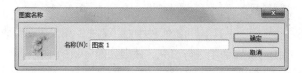

图 4-156　　　　　　　　　　　　　　　　图 4-157

选择"编辑 > 填充"命令，弹出"填充"对话框。在"自定图案"选项中选择新定义的图案，如图 4-158 所示，单击"确定"按钮，填充的效果如图 4-159 所示。

图 4-158　　　　　　　　　　　　　　　　图 4-159

在"填充"对话框的"模式"下拉列表中选择不同的填充模式，如图 4-160 所示，单击"确定"按钮，填充的效果如图 4-161 所示。

图 4-160　　　　　　　　　　　　　　　　图 4-161

4.3.3 "描边"命令的使用

使用"描边"命令可以将选定区域的边缘用前景色描绘出来。

1. "描边"对话框

选择"编辑 > 描边"命令，弹出"描边"对话框，如图 4-162 所示。

图 4-162

在"描边"对话框中，"描边"选项组用于设置边线的宽度和颜色；"位置"选项组用于设置边线相对于区域边缘的位置，包括内部、居中和居外 3 个选项；"混合"选项组用于设置描边模式和不透明度。

2. 制作描边效果

打开一个图像，如图 4-163 所示。在图像中绘制出需要的选区，如图 4-164 所示。

图 4-163

图 4-164

选择"编辑 > 描边"命令，弹出"描边"对话框，进行图 4-165 所示的设置。单击"确定"按钮，按 Ctrl+D 组合键，取消选区，描边的效果如图 4-166 所示。

图 4-165

图 4-166

在"描边"对话框中将"模式"选项设置为"差值"，如图 4-167 所示。单击"确定"按钮，按 Ctrl+D 组合键，取消选区，描边的效果如图 4-168 所示。

图 4-167

图 4-168

4.3.4 课堂案例——制作女装活动页 H5 首页

【案例学习目标】学习使用"描边"命令为选区添加描边。

【案例知识要点】使用"矩形选框"工具和"描边"命令制作白色边框，使用载入选区操作和"描边"命令为梨添加描边，使用"移动"工具复制图形并添加文字信息，最终效果如图 4-169 所示。

制作女装活动页
H5 首页

图 4-169

【效果所在位置】Ch04\效果\制作女装活动页 H5 首页.psd。

（1）按 Ctrl+O 组合键，打开云盘中的"Ch04 > 素材 > 制作女装活动页 H5 首页 > 01、02"文件。选择"移动"工具 ，将 02 图像拖曳到 01 图像窗口中适当的位置，如图 4-170 所示。"图层"控制面板中会生成新的图层，将其重命名为"人物"。选择"矩形选框"工具 ，在图像窗口中拖曳鼠标以绘制选区，如图 4-171 所示。

（2）新建图层并将其重命名为"白色边框"。选择"编辑 > 描边"命令，弹出"描边"对话框，将描边颜色设置为白色，其他选项的设置如图 4-172 所示，单击"确定"按钮，为选区添加描边。按 Ctrl+D 组合键，取消选区，图像效果如图 4-173 所示。

图 4-170　　　　　　图 4-171　　　　　　　　　　图 4-172　　　　　　　　　图 4-173

（3）在"图层"控制面板中，将"白色边框"图层拖曳到"人物"图层的下方，如图 4-174 所示。选择"人物"图层。按 Ctrl+O 组合键，打开云盘中的"Ch04 > 素材 > 制作女装活动页 H5 首页 > 03"文件。选择"移动"工具 ，将 03 图像拖曳到 01 图像窗口中适当的位置，如图 4-175 所示。"图层"控制面板中会生成新的图层，将其重命名为"梨"。

图 4-174

图 4-175

（4）按住 Ctrl 键的同时，单击"梨"图层的缩览图，图像周围会生成选区。选择"编辑 > 描边"命令，弹出"描边"对话框，将描边颜色设置为白色，其他选项的设置如图 4-176 所示，单击"确定"按钮，为选区添加描边。按 Ctrl+D 组合键，取消选区，图像效果如图 4-177 所示。

图 4-176

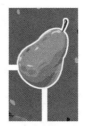
图 4-177

（5）按 Ctrl+T 组合键，图像周围会出现变换框，在属性栏中单击"保持长宽比"按钮，其他选项的设置如图 4-178 所示，将图像拖曳到适当的位置，按 Enter 键确认操作，图像效果如图 4-179 所示。

图 4-179

图 4-178

（6）单击"图层"控制面板下方的"添加图层样式"按钮，在弹出的菜单中选择"投影"命令，弹出对话框，将投影颜色设置为黑色，其他选项的设置如图 4-180 所示，单击"确定"按钮，图像效果如图 4-181 所示。

（7）选择"移动"工具，按住 Alt 键的同时，拖曳复制的"梨"图片到适当的位置，并分别调整大小，制作出图 4-182 所示的效果，"图层"控制面板中会分别生成新的图层。将"梨 副本 3"图层拖曳到"白色边框"图层的下方，如图 4-183 所示，图像效果如图 4-184 所示。

（8）选择最上方的图层。按 Ctrl+O 组合键，打开云盘中的"Ch04 > 素材 > 制作女装活动页 H5 首页 > 04"文件。选择"移动"工具，将 04 图像拖曳到 01 图像窗口中适当的位置，如图 4-185 所示。"图层"控制面板中会生成新的图层，将其重命名为"文字"。女装活动页 H5 首页制作完成。

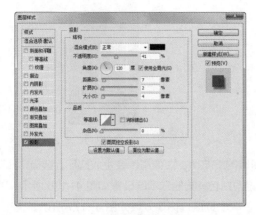

图 4-180

图 4-181

图 4-182

图 4-183

图 4-184

图 4-185

课后习题——绘制时尚装饰画

【习题知识要点】使用"画笔"工具绘制小草图形，使用"横排文字"工具添加文字，最终效果如图 4-186 所示。

【效果所在位置】Ch04\效果\绘制时尚装饰画.psd。

图 4-186

制作时尚装饰画

第 5 章
编辑图像

本章介绍

本章将详细介绍 Photoshop CS6 的图像编辑功能，并对编辑图像的方法和技巧进行系统的讲解。读者学习本章后需要了解并掌握图像的编辑方法和应用技巧，为进一步编辑和处理图像打下坚实的基础。

学习目标

- ✔ 了解图像编辑工具的使用方法。
- ✔ 掌握图像的移动、复制和删除方法。
- ✔ 掌握图像的裁剪和变换方法。

技能目标

- ✔ 掌握"室内空间装饰画"的制作方法。
- ✔ 掌握"旅游公众号首图"的制作方法。
- ✔ 掌握"为产品添加标识"的方法。

素养目标

- ✔ 培养对祖国美好风光的热爱。
- ✔ 了解典雅的中式美学。

5.1　图像编辑工具的使用

使用图像编辑工具对图像进行编辑和整理，可以提高编辑和处理图像的效率。

5.1.1　"注释"工具

使用"注释"工具 可以为图像添加文字附注，从而起到提示作用。启用"注释"工具 有以下两种方法。

- 单击工具箱中的"注释"工具 。
- 反复按 Shift+I 组合键。

启用"注释"工具 ，其属性栏如图 5-1 所示。

图 5-1

在"注释"工具 的属性栏中，"作者"选项用于输入作者姓名；"颜色"选项用于设置注释窗口的颜色；"清除全部"按钮用于清除所有注释；"显示或隐藏注释面板"按钮 用于隐藏或打开"注释"控制面板，以编辑注释文字。

5.1.2 课堂案例——制作室内空间装饰画

【案例学习目标】学习使用"注释"工具制作出需要的效果。

【案例知识要点】使用"曲线"和"色相/饱和度"命令为图像调色，使用"椭圆"工具和图层样式制作蒙版区域，使用"注释"工具为装饰画添加注释，最终效果如图 5-2 所示。

【效果所在位置】Ch05\效果\制作室内空间装饰画.psd。

制作室内空间
装饰画

图 5-2

（1）按 Ctrl+O 组合键，打开云盘中的"Ch05 > 素材 > 制作室内空间装饰画 > 01"文件，如图 5-3 所示。将"背景"图层拖曳到"图层"控制面板下方的"创建新图层"按钮 上进行复制，生成新的图层"背景 副本"。

（2）单击"图层"控制面板下方的"创建新的填充或调整图层"按钮 ，在弹出的菜单中选择"曲线"命令。"图层"控制面板中会生成"曲线 1"图层，同时弹出控制面板。在曲线上单击添加控制点，将"输入"选项设置为 101，"输出"选项设置为 119，如图 5-4 所示；再次在曲线上单击添加控制点，将"输入"选项设置为 75，"输出"选项设置为 86，如图 5-5 所示，按 Enter 键确认操作。

图 5-3

图 5-4

图 5-5

（3）选择"椭圆"工具 ⬭，将属性栏中的"选择工具模式"选项设置为"形状"，"填充"颜色设置为白色，按住 Shift 键的同时，在图像窗口中绘制圆形，效果如图 5-6 所示。单击"图层"控制面板下方的"添加图层样式"按钮 fx.，在弹出的菜单中选择"内阴影"命令，弹出对话框，将阴影颜色设置为黑色，其他选项的设置如图 5-7 所示，单击"确定"按钮。

图 5-6   图 5-7

（4）按 Ctrl+O 组合键，打开云盘中的"Ch05 > 素材 > 制作室内空间装饰画 > 02"文件。选择"移动"工具 ⊕，将 02 图像拖曳到 01 图像窗口中适当的位置，"图层"控制面板中会生成新的图层，将其重命名为"画"。按 Alt+Ctrl+G 组合键，创建剪贴蒙版，"图层"控制面板如图 5-8 所示，效果如图 5-9 所示。

（5）单击"图层"控制面板下方的"创建新的填充或调整图层"按钮 ◑，在弹出的菜单中选择"色相/饱和度"命令。"图层"控制面板中会生成"色相/饱和度 1"图层。在弹出的控制面板中进行设置，单击控制面板下方的"此调整剪切到此图层"按钮 ⬚，如图 5-10 所示，按 Enter 键确认操作。

图 5-8   图 5-9   图 5-10

（6）单击"图层"控制面板下方的"创建新的填充或调整图层"按钮 ◑，在弹出的菜单中选择"曲线"命令。"图层"控制面板中会生成"曲线 2"图层，同时弹出控制面板。在曲线上单击添加控制点，将"输入"选项设置为 63，"输出"选项设置为 65，如图 5-11 所示；再在曲线上单击添加控制点，将"输入"选项设置为 193，"输出"选项设置为 221，单击控制面板下方的"此调整剪切到此图层"按钮 ⬚，如图 5-12 所示，按 Enter 键确认操作，效果如图 5-13 所示。

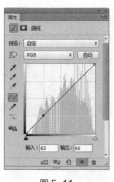

图 5-11

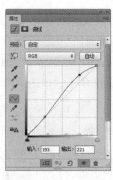

图 5-12

图 5-13

（7）按 Ctrl+O 组合键，打开云盘中的"Ch05 > 素材 > 制作室内空间装饰画 > 03"文件。选择"移动"工具，将 03 图像拖曳到 01 图像窗口中适当的位置，如图 5-14 所示。"图层"控制面板中会生成新的图层，将其重命名为"植物"。

（8）选择"注释"工具，在图像窗口中单击，弹出"注释"控制面板，在控制面板中输入文字，如图 5-15 所示。室内空间装饰画制作完成。

图 5-14

图 5-15

5.1.3 "标尺"工具

使用"标尺"工具可以在图像中测量任意两点之间的距离，并可以测量角度。启用"标尺"工具有以下两种方法。

● 单击工具箱中的"标尺"工具。

● 反复按 Shift+I 组合键。

启用"标尺"工具，其具体数值会显示在图 5-16 所示的属性栏中和"信息"控制面板中。利用"标尺"工具可以进行精确的图像绘制。

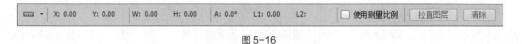

图 5-16

1. 使用"标尺"工具

打开一个图像，选择"标尺"工具，将鼠标指针放到图像中，会显示标尺图标，如图 5-17 所示。在图像中单击确定测量的起点，拖曳鼠标出现测量的线段，在终点位置单击鼠标左键确定测量的终点，效果如图 5-18 所示，测量的结果就会显示出来。"标尺"工具的属性栏如图 5-19 所示。

图 5-17

图 5-18

| X: 75.00 | Y: 363.00 | W: 309.00 | H: -102.... | A: 18.3° | L1: 325.40 | L2: | □ 使用测量比例 | 拉直图层 | 清除 |

图 5-19

2. "信息"控制面板

"信息"控制面板可以显示图像中鼠标指针所在位置的信息和图像中选区的大小。选择"窗口 > 信息"命令，弹出"信息"控制面板，如图 5-20 所示。

在"信息"控制面板中，R、G、B 数值表示鼠标指针所在位置的色彩区域的 RGB 色彩值，A、L 数值表示鼠标指针在当前图像中所处位置的角度，X、Y 数值表示鼠标指针在当前图像中所处位置的坐标值，W、H 数值表示图像中选区的宽度和高度。

图 5-20

5.1.4 课堂案例——制作旅游公众号首图

【案例学习目标】学习使用"标尺"工具和"拉直图层"按钮校正倾斜照片。

【案例知识要点】使用"标尺"工具和"拉直图层"按钮校正倾斜照片，使用"色阶"命令调整照片颜色，使用"横排文字"工具添加文字信息，最终效果如图 5-21 所示。

制作旅游公众号
首图

图 5-21

【效果所在位置】Ch05\效果\制作旅游公众号首图.psd。

（1）按 Ctrl+N 组合键，弹出"新建"对话框，设置宽度为 1175 像素，高度为 500 像素，分辨率为 72 像素/英寸，颜色模式为 RGB，背景内容为白色，单击"确定"按钮，新建一个文件。

（2）按 Ctrl+O 组合键，打开云盘中的"Ch05 > 素材 > 制作旅游公众号首图 > 01"文件。选择"移动"工具，将图片拖曳到图像窗口中适当的位置，并调整其大小，效果如图 5-22 所示。"图层"控制面板中会生成新的图层，将其重命名为"图片"。

（3）选择"标尺"工具，在图像窗口的左侧单击并向右下侧拖曳鼠标，出现测量的线段，松开鼠标左键，确定测量的终点，如图 5-23 所示。

（4）在属性栏中单击"拉直图层"按钮，拉直图像，效果如图 5-24 所示。拖曳图片到适当的位置，并调整其大小，制作出图 5-25 所示的效果。

图 5-22   图 5-23

图 5-24   图 5-25

（5）单击"图层"控制面板下方的"创建新的填充或调整图层"按钮 ，在弹出的菜单中选择"色阶"命令，"图层"控制面板中会生成"色阶 1"图层。在弹出的控制面板中进行设置，如图 5-26 所示，按 Enter 键确认操作，图像效果如图 5-27 所示。

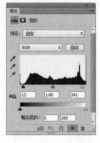

图 5-26   图 5-27

（6）将前景色设置为白色。选择"横排文字"工具 ，在适当的位置分别输入需要的文字并选取文字，在属性栏中选择合适的字体并设置大小，效果如图 5-28 所示，"图层"控制面板中会生成新的文字图层。旅游公众号首图制作完成。

图 5-28

5.1.5 "抓手"工具

"抓手"工具 可以用来移动图像，以改变图像在窗口中的显示位置。启用"抓手"工具 有以下几种方法。

● 单击工具箱中的"抓手"工具 。

● 按 H 键。

● 按住 Spacebar（空格）键。

启用"抓手"工具 ，其属性栏如图 5-29 所示。通过单击属性栏中的 4 个按钮，即可调整图像的显示效果，如图 5-30 所示。双击"抓手"工具 ，系统将自动调整图像大小以适合屏幕的显示范围。

图 5-29

实际像素

适合屏幕

填充屏幕

打印尺寸

图 5-30

5.2 图像的移动、复制和删除

在 Photoshop CS6 中，可以非常便捷地移动、复制和删除图像。下面将具体讲解图像的移动、复制和删除方法。

5.2.1 图像的移动

要想在操作过程中随时按需要移动图像，就必须掌握移动图像的方法。

1. "移动"工具

使用"移动"工具 可以将图层中的整个图像或选定区域中的图像移动到指定位置。启用"移动"工具 有以下两种方法。

● 单击工具箱中的"移动"工具 。

● 按 V 键。

启用"移动"工具 ，其属性栏如图 5-31 所示。

图 5-31

在"移动"工具的属性栏中，"自动选择"选项用于自动选择鼠标指针所在的图层，"显示变换控件"选项用于对选取的图层进行各种变换。属性栏中还提供了几种用于设置图层排列和分布方式的按钮。

2. 移动图像

在移动图像前，要选择移动的图像区域；如果不选择图像区域，将移动整个图像。移动图像有以下几种方法。

● 使用"移动"工具移动图像

打开一个图像，使用"磁性套索"工具绘制出要移动的图像区域，如图 5-32 所示。

启用"移动"工具，将鼠标指针放在选区中，鼠标指针会变为图标，如图 5-33 所示。单击并按住鼠标左键，拖曳鼠标到适当的位置，选区内的图像会被移动，原来的选区位置被背景色填充，效果如图 5-34 所示。按 Ctrl+D 组合键，取消选区，移动完成。

图 5-32   图 5-33   图 5-34

● 使用菜单命令移动图像

打开一个图像，使用"磁性套索"工具绘制出要移动的图像区域，如图 5-35 所示。选择"编辑 > 剪切"命令或按 Ctrl+X 组合键，选区被背景色填充，效果如图 5-36 所示。

选择"编辑 > 粘贴"命令或按 Ctrl+V 组合键，将选区内的图像粘贴在图像的新图层中，使用"移动"工具可以移动新图层中的图像，效果如图 5-37 所示。

图 5-35   图 5-36   图 5-37

● 使用快捷键移动图像

打开一个图像，使用"磁性套索"工具绘制出要移动的图像区域，如图 5-38 所示。

启用"移动"工具，按 Ctrl+方向键，可以将选区内的图像沿移动方向移动 1 像素，效果如图 5-39 所示；按 Shift+方向键，可以将选区内的图像沿移动方向移动 10 像素，效果如图 5-40 所示。

图 5-38   图 5-39   图 5-40

提示
如果想将当前图像中选区内的图像移动到另一个图像中，只要使用"移动"工具 将选区内的图像拖曳到另一个图像中即可。使用相同的方法也可以将当前图像拖曳到另一个图像中。

5.2.2 图像的复制

要想在操作过程中随时按需要复制图像，就必须掌握复制图像的方法。在复制图像前，要选择需要复制的图像区域；如果不选择图像区域，将不能复制图像。复制图像有以下几种方法。

● 使用"移动"工具 复制图像

打开一个图像，使用"磁性套索"工具 绘制出要移动的图像区域，如图 5-41 所示。

启用"移动"工具 ，将鼠标指针放在选区中，鼠标指针会变为 图标，如图 5-42 所示。按住 Alt 键，鼠标指针会变为 图标，效果如图 5-43 所示，同时，单击并按住鼠标左键，拖曳选区内的图像到适当的位置，松开鼠标左键和 Alt 键，图像复制完成，效果如图 5-44 所示。按 Ctrl+D 组合键，取消选区。

图 5-41　　　　　图 5-42　　　　　图 5-43　　　　　图 5-44

● 使用菜单命令复制图像

打开一个图像，使用"磁性套索"工具 绘制出要移动的图像区域，如图 5-45 所示。选择"编辑 > 拷贝"命令或按 Ctrl+C 组合键，将选区内的图像复制。这时，屏幕上的图像并没有变化，但系统已将复制的图像粘贴到剪贴板中了。

选择"编辑 > 粘贴"命令或按 Ctrl+V 组合键，将剪贴板内的图像粘贴在生成的新图层中，这样复制的图像就在原图像的上面一层了，使用"移动"工具 移动复制的图像，效果如图 5-46 所示。

图 5-45　　　　　　　　　　　图 5-46

● 使用快捷键复制图像

打开一个图像，使用"磁性套索"工具 绘制出要移动的图像区域，如图 5-47 所示。

按住 Ctrl+Alt 组合键，鼠标指针会变为 图标，如图 5-48 所示。同时，单击并按住鼠标左键，拖曳选区内的图像到适当的位置，松开鼠标左键、Ctrl 键和 Alt 键，图像复制完成。按 Ctrl+D 组合键，取消选区，效果如图 5-49 所示。

图 5-47

图 5-48

图 5-49

5.2.3 图像的删除

要想在操作过程中随时按需要删除图像，就必须掌握删除图像的方法。在删除图像前，要选择需要删除的图像区域；如果不选择图像区域，将不能删除图像。删除图像有以下两种方法。

● 使用菜单命令删除图像

打开一个图像，使用"磁性套索"工具 绘制出要移动的图像区域，如图5-50所示。选择"编辑 > 清除"命令，将选区内的图像删除。按 Ctrl+D 组合键，取消选区，效果如图 5-51 所示。

图 5-50

图 5-51

提示

删除后的图像区域由背景色填充。如果是在图层中，删除后的图像区域将显示下面一层的图像。

● 使用快捷键删除图像

打开一个图像，使用"磁性套索"工具 绘制出要删除的图像区域。按 Delete 键或 Backspace 键，将选区内的图像删除。按 Ctrl+D 组合键，取消选区。

5.3 图像的裁剪和变换

通过图像的裁剪和变换，可以制作出丰富多变的图像效果。下面将具体讲解图像的裁剪和变换方法。

5.3.1 图像的裁剪

在实际的设计和制作工作中，经常有一些图像的构图和比例不符合设计要求，这就需要对这些图像进行裁剪。下面就对其进行具体介绍。

1. "裁剪"工具

使用"裁剪"工具 可以在图像或图层中剪裁所选定的区域。选定图像区域后，选区边缘将出现 8 个控制手柄，用于改变选区的大小，还可以用鼠标旋转选区。

启用"裁剪"工具  有以下两种方法。

- 单击工具箱中的"裁剪"工具 ⬚。
- 按 C 键。

启用"裁剪"工具 ⬚，其属性栏如图 5-52 所示。

图 5-52

在"裁剪"工具 ⬚ 的属性栏中，单击列表框右侧的 ⬥ 按钮，弹出的下拉列表如图 5-53 所示。

"不受约束"选项用于自由调整裁剪框的大小；"原始比例"选项用于保持图像原始的长宽比以调整裁剪框；"原始比例"选项下是 Photoshop 提供的预设长宽比，如果要自定长宽比，则可在列表框右侧的数值框中定义长度和宽度；"大小和分辨率"选项用于设置图像的宽度、高度和分辨率，这样可按照设置的尺寸裁剪图像；"存储/删除预设"选项用于将当前创建的长宽比保存或删除。

单击属性栏中的"设置其他裁剪选项"按钮 ⚙，弹出的菜单如图 5-54 所示。勾选"使用经典模式"复选框可以使用 Photoshop CS6 以前版本的"裁剪"工具模式来编辑图像。"启用裁剪屏蔽"选项用于设置裁剪框外的区域颜色和不透明度。

"删除裁剪的像素"选项用于删除被裁剪的图像。

图 5-53

图 5-54

2. 裁剪图像

- 使用"裁剪"工具 ⬚ 裁剪图像

打开一个图像，启用"裁剪"工具 ⬚，在图像中单击并按住鼠标左键，拖曳鼠标到适当的位置，松开鼠标左键，绘制出裁剪框，如图 5-55 所示。在裁剪框内双击或按 Enter 键，都可以完成图像的裁剪，效果如图 5-56 所示。

图 5-55

图 5-56

将鼠标指针放在裁剪框的边界上，按住鼠标左键拖曳可以调整裁剪框的大小，如图 5-57 所示。拖曳裁剪框上的控制点可以缩放裁剪框。按住 Shift 键拖曳，可以等比例缩放，如图 5-58 所示。将鼠标指针放在裁剪框外，按住鼠标左键拖曳可旋转裁剪框，如图 5-59 所示。

图 5-57   图 5-58   图 5-59

将鼠标指针放在裁剪框内，按住鼠标左键拖曳可以移动裁剪框，如图 5-60 所示。单击属性栏中的✔按钮或按 Enter 键，即可裁剪图像，如图 5-61 所示。

图 5-60   图 5-61

●   使用菜单命令裁剪图像

使用"矩形选框"工具▣在图像中绘制出要裁剪的图像区域，如图 5-62 所示。选择"图像 > 裁剪"命令，可按选区进行图像的裁剪，按 Ctrl+D 组合键，取消选区，效果如图 5-63 所示。

图 5-62   图 5-63

3. "透视裁剪"工具

在拍摄高大的建筑时，由于视角较低，竖直的线条会向消失点集中，从而产生透视畸变。Photoshop CS6 新增的"透视裁剪"工具▣能够较好地解决这个问题。

启用"透视裁剪"工具▣有以下两种方法。

●   单击工具箱中的"透视裁剪"工具▣。

●   按 Shift+C 组合键。

启用"透视裁剪"工具▣，其属性栏如图 5-64 所示。

图 5-64

"W/H"选项用于设置图像的宽度和高度，单击"高度和宽度互换"按钮⇄可以互换高度和宽度数值。"分辨率"选项用于设置图像的分辨率。"前面的图像"按钮用于在宽度、高度和分辨率数值框中显示当前文档的尺寸和分辨率。如果同时打开两个文档，则会显示另外一个文档的尺寸和分辨率。"清除"按钮用于清除宽度、高度和分辨率数值框中的数值。勾选"显示网格"复选框可以显示网格线，取消勾选会隐藏网格线。

4. 透视裁剪图像

打开一个图像，如图 5-65 所示。选择"透视裁剪"工具，在图像窗口中单击并拖曳鼠标，绘制裁剪框，如图 5-66 所示。

将鼠标指针放置在裁剪框左上角的控制点上，向右侧拖曳控制点，将右上角的控制点向左拖曳。用相同的方法调整其他控制点，如图 5-67 所示。单击属性栏中的✓按钮或按 Enter 键，即可裁剪图像，效果如图 5-68 所示。

图 5-65　　　　　　　　图 5-66　　　　　　　　图 5-67　　　　　　　　图 5-68

5.3.2　图像的变换

要想根据设计和制作的需要改变图像的大小，就必须掌握图像的变换方法。

选择"图像 > 图像旋转"命令，系统会弹出子菜单，如图 5-69 所示，其中的命令可以用于对整个图像进行旋转。图像旋转固定角度后的效果如图 5-70 所示。

图 5-69

 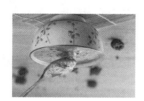  

原图像　　　　　　　　180 度　　　　　　　　90 度（顺时针）　　　　90 度（逆时针）

图 5-70

选择"任意角度"命令，弹出"旋转画布"对话框，如图 5-71 所示。设置任意角度后的图像效果如图 5-72 所示。

图 5-71　　　　　　　　　　　　　　　图 5-72

图像水平翻转、垂直翻转后的效果如图 5-73 和图 5-74 所示。

图 5-73

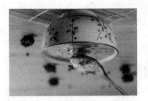

图 5-74

5.3.3 图像选区的变换

在操作过程中，可以根据设计和制作的需要变换已经绘制好的选区。下面就对其进行具体介绍。

在图像中绘制好选区，选择"编辑 > 自由变换"或"变换"命令，可以对图像的选区进行各种变换。"变换"子菜单如图 5-75 所示。

图像选区的变换有以下两种方法。

● 使用菜单命令变换图像选区

打开一个图像，使用"矩形选框"工具□绘制出选区，如图 5-76 所示。选择"编辑 > 变换 > 缩放"命令，拖曳变换框上的控制手柄，可以对图像选区进行自由的缩放，如图 5-77 所示。

选择"编辑 > 变换 > 旋转"命令，拖曳变换框上的控制手柄，可以对图像选区进行自由的旋转，如图 5-78 所示。

图 5-75

图 5-76

图 5-77

图 5-78

选择"编辑 > 变换 > 斜切"命令，拖曳变换框上的控制手柄，可以对图像选区进行斜切调整，如图 5-79 所示。

选择"编辑 > 变换 > 扭曲"命令，拖曳变换框上的控制手柄，可以对图像选区进行扭曲调整，如图 5-80 所示。

选择"编辑 > 变换 > 透视"命令，拖曳变换框上的控制手柄，可以对图像选区进行透视调整，如图 5-81 所示。

选择"编辑 > 变换 > 变形"命令，拖曳变换框上的控制手柄，可以对图像选区进行变形调整，如图 5-82 所示。

选择"编辑 > 变换 > 缩放"命令，再选择"旋转 180 度""旋转 90 度（顺时针）""旋转 90 度（逆时针）"命令，可以直接对图像选区进行角度的调整，如图 5-83 所示。

图 5-79

图 5-80

图 5-81

图 5-82

旋转 180 度

旋转 90 度（顺时针）

旋转 90 度（逆时针）

图 5-83

选择"编辑 > 变换 > 缩放"命令，再选择"水平翻转"和"垂直翻转"命令，可以直接对图像选区进行翻转，如图 5-84 和图 5-85 所示。

图 5-84

图 5-85

● 使用按键变换图像的选区

打开一个图像，使用"矩形选框"工具⬚绘制出选区。按 Ctrl+T 组合键，出现变换框，拖曳变换框上的控制手柄，可以对图像选区进行自由的缩放。按住 Shift 键，拖曳变换框上的控制手柄，可以等比例缩放图像选区。

打开一个图像，使用"矩形选框"工具⬚绘制出选区。按 Ctrl+T 组合键，出现变换框，将鼠标指针放在控制手柄的外边，鼠标指针会变为旋转图标↰，如图 5-86 所示，拖曳鼠标可以旋转图像选区。

拖曳旋转中心可以将其放到其他位置。旋转中心的调整会改变旋转图像选区的效果，如图 5-87 所示。

按住 Ctrl 键的同时，分别拖曳变换框上的 4 个控制手柄，可以使图像选区任意变形，效果如图 5-88 所示。

图 5-86

图 5-87

图 5-88

按住 Alt 键的同时，分别拖曳变换框上的 4 个控制手柄，可以使图像选区对称变形，效果如

图 5-89 所示。

　　按住 Shift+Ctrl 组合键的同时，拖曳变换框中间的控制手柄，可以使图像选区斜切变形，效果如图 5-90 所示。

　　按住 Alt+Shift+Ctrl 组合键的同时，拖曳变换框上的 4 个控制手柄，可以使图像选区透视变形，效果如图 5-91 所示。

图 5-89　　　　　　　　　　　　　图 5-90　　　　　　　　　　　　　图 5-91

5.3.4　课堂案例——为产品添加标识

　　【案例学习目标】学习使用"移动"工具并结合控制面板添加标识。

　　【案例知识要点】使用"自定形状"工具、"转换为智能对象"命令和"变形"命令添加标识，使用图层样式制作标识投影，最终效果如图 5-92 所示。

　　【效果所在位置】Ch05\效果\为产品添加标识.psd。

图 5-92

　　（1）按 Ctrl+N 组合键，弹出"新建"对话框，设置宽度为 800 像素，高度为 800 像素，分辨率为 72 像素/英寸，颜色模式为 RGB，背景内容为白色，单击"确定"按钮，新建一个文件。

　　（2）按 Ctrl+O 组合键，打开云盘中的"Ch05 > 素材 > 为产品添加标识 > 01"文件。选择"移动"工具 ，将 01 图像拖曳到新建图像窗口中适当的位置并调整其大小，如图 5-93 所示。"图层"控制面板中会生成新的图层，将其重命名为"产品"。

　　（3）选择"自定形状"工具 ，单击属性栏中的"形状"选项右侧的 按钮，弹出"形状"面板，选择需要的图形，如图 5-94 所示。在属性栏的"选择工具模式"选项的下拉列表中选择"形状"，在图像窗口中适当的位置绘制图形，如图 5-95 所示。"图层"控制面板中会生成新的形状图层，将其重命名为"标识"。

图 5-93　　　　　　　　　　　　　图 5-94　　　　　　　　　　　　　图 5-95

　　（4）在"图层"控制面板中的"标识"图层上单击鼠标右键，在弹出的快捷菜单中选择"转换为智能对象"命令，将形状图层转换为智能对象图层，如图 5-96 所示。按 Ctrl+T 组合键，图像周围会出现变换框，在变换框中单击鼠标右键，在弹出的快捷菜单中选择"变形"命令，拖曳控制手柄调整形状，按 Enter 键确认操作，图像效果如图 5-97 所示。

（5）双击"标识"图层的缩览图，将智能对象在新窗口中打开，如图 5-98 所示。按 Ctrl+O 组合键，打开云盘中的"Ch05 > 素材 > 为产品添加标识 > 02"文件。选择"移动"工具，将 02 图像拖曳到标识图像窗口中适当的位置并调整其大小，效果如图 5-99 所示。

图 5-96

图 5-97

图 5-98

图 5-99

（6）在"图层"控制面板中单击"标识"图层左侧的眼睛图标，隐藏该图层，如图 5-100 所示。按 Ctrl+S 组合键存储图像，并关闭文件。返回新建的图像窗口中，图像效果如图 5-101 所示。

图 5-100

图 5-101

（7）单击"图层"控制面板下方的"添加图层样式"按钮，在弹出的菜单中选择"投影"命令。弹出对话框，将投影颜色设置为黑色，其他选项的设置如图 5-102 所示，单击"确定"按钮，图像效果如图 5-103 所示。

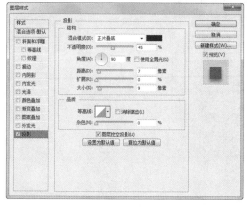

图 5-102

图 5-103

（8）按 Ctrl + O 组合键，打开云盘中的"Ch05 > 素材 > 为产品添加标识 > 03"文件。选择"移动"工具，将 03 图片拖曳到新建的图像窗口中适当的位置，如图 5-104 所示。"图层"控制面板中会生成新的图层，将其重命名为"边框"，如图5-105所示。产品标识添加完成。

图 5-104

图 5-105

课后习题——制作房地产类公众号信息图

【习题知识要点】使用"裁剪"工具裁剪图像，使用"移动"工具移动图像，最终效果如图5-106所示。

【效果所在位置】Ch05\效果\制作房地产类公众号信息图.psd。

图 5-106

制作房地产类
公众号信息图

第 6 章
调整图像的色彩和色调

本章介绍

调整图像的色彩和色调是 Photoshop CS6 的强项。本章将全面、系统地讲解调整图像色彩和色调的知识。读者学习本章后应了解并掌握调整图像色彩和色调的方法和技巧，并能将所学知识灵活应用到实际的设计与制作任务中去。

学习目标

- ✔ 掌握"色阶""自动色调""自动对比度""自动颜色"命令的使用方法。
- ✔ 掌握"曲线""色彩平衡""亮度/对比度""色相/饱和度"命令的使用技巧。
- ✔ 了解"去色""匹配颜色""替换颜色""可选颜色"命令的使用技巧。
- ✔ 掌握"通道混合器""渐变映射""照片滤镜""阴影/高光"命令的使用方法。
- ✔ 了解"反相""色调均化""阈值""色调分离""变化"命令的使用技巧。

技能目标

- ✔ 掌握"详情页主图中偏色的图片"的修正方法。
- ✔ 掌握"调整照片的色彩与明度"的方法。
- ✔ 掌握"艺术化照片"的制作方法。
- ✔ 掌握"传统美食公众号封面次图"的制作方法。
- ✔ 掌握"小寒节气宣传海报"的制作方法。

素养目标

- ✔ 培养对色彩和色调的敏感度。
- ✔ 加深对中华传统美食的了解。

6.1 调整命令

选择"图像 > 调整"命令，弹出"调整"子菜单，如图6-1所示。调整命令可以用来调整图像的层次、对比度及色彩变化。

图6-1

6.2 "色阶"和"自动色调"命令

"色阶"和"自动色调"命令可以用来调节图像的对比度、饱和度和灰度。

6.2.1 "色阶"命令

"色阶"命令用于调整图像的对比度、饱和度及灰度。打开一个图像，如图6-2所示，选择"色阶"命令，或按Ctrl+L组合键，弹出"色阶"对话框，如图6-3所示。

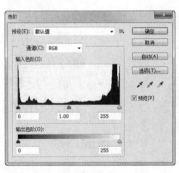

图6-2   图6-3

在对话框中，中间是一个直方图，其横坐标范围为0～255，表示亮度值，纵坐标为图像像素数。

"通道"选项：可以从其下拉列表中选择不同的通道来调整图像。如果想选择两个以上的颜色通道，要先在"通道"控制面板中选择所需要的通道，再打开"色阶"对话框。

"输入色阶"选项：控制选定区域的最暗和最亮色彩，通过输入数值或拖曳滑块来调整图像。左侧的数值框和左侧的黑色滑块用于调整黑色，图像中小于该亮度值的所有像素将变为黑色。中间的数值框和中间的灰色滑块用于调整灰度，其数值范围为0.1～9.99。右侧的数值框和右侧的白色滑块用于调整白色，图像中大于该亮度值的所有像素将变为白色。

调整输入色阶的3个滑块后，图像产生的不同色彩效果，如图6-4～图6-6所示。

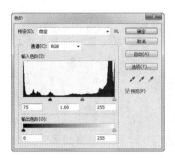

图 6-4

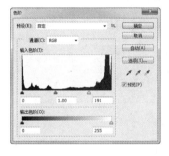

图 6-5

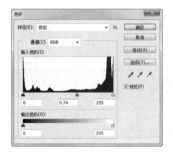

图 6-6

"输出色阶"选项：可以通过输入数值或拖曳滑块来控制图像的亮度范围（左侧数值框和左侧黑色滑块用于调整图像最暗像素的亮度，右侧数值框和右侧白色滑块用于调整图像最亮像素的亮度）。输出色阶的调整将增加图像的灰度，降低图像的对比度。

"预览"复选框：勾选该复选框，可以即时显示图像的调整结果。

调整输出色阶的两个滑块后，图像产生的不同色彩效果，如图 6-7 和图 6-8 所示。

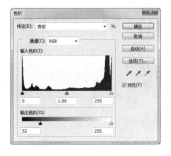

图 6-7

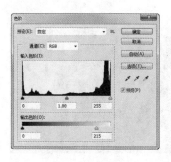

图 6-8

"自动"按钮：可自动调整图像并设置层次。单击"选项"按钮，弹出"自动颜色校正选项"对话框，可以看到系统将以 0.10%的幅度来对图像进行加亮和变暗处理，如图 6-9 所示。

图 6-9

提示

　　按住 Alt 键，"取消"按钮会变成"复位"按钮。单击"复位"按钮可以将刚调整过的色阶复位，以便重新进行设置。

　　3 个吸管工具 ![] ![] ![] 分别是黑色吸管工具、灰色吸管工具和白色吸管工具。选中黑色吸管工具后在图像中单击，图像中暗于单击点的所有像素都会变为黑色。用灰色吸管工具在图像中单击，单击点的像素都会变为灰色，图像中的其他颜色也会随之进行相应调整。用白色吸管工具在图像中单击，图像中亮于单击点的所有像素都会变为白色。双击吸管工具，可在"拾色器"对话框中设置吸管颜色。

6.2.2 "自动色调"命令

　　选择"图像 > 自动色调"命令，可以对图像的色调进行自动调整。系统将以 0.10%的幅度来对图像进行加亮和变暗处理。按 Shift+Ctrl+L 组合键，可以对图像的色调进行自动调整。

6.3 "自动对比度"和"自动颜色"命令

　　Photoshop CS6 可以对图像的对比度和颜色进行自动调整。

6.3.1 "自动对比度"命令

选择"图像 > 自动对比度"命令,可以对图像的对比度进行自动调整。按 Alt+Shift+Ctrl+L 组合键,可以启动"自动对比度"命令。

6.3.2 "自动颜色"命令

选择"图像 > 自动颜色"命令,可以对图像的色彩进行自动调整。按 Shift+Ctrl+B 组合键,可以启动"自动颜色"命令。

6.4 "曲线"命令

选择"曲线"命令,可以通过调整图像色彩曲线上的任意一个控制点来改变图像的色彩范围。下面将对其进行具体的讲解。

打开一个图像,选择"曲线"命令,或按 Ctrl+M 组合键,弹出"曲线"对话框,如图 6-10 所示。将鼠标指针移到图像中,单击,如图 6-11 所示,"曲线"对话框的图表中会出现一个小方块,它表示刚才单击处的像素数值,效果如图 6-12 所示。

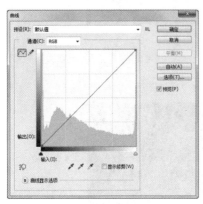

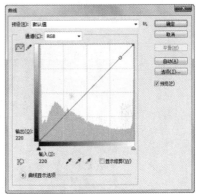

| 图 6-10 | 图 6-11 | 图 6-12 |

在对话框中,"通道"选项可以用来选择调整图像的颜色通道。

图表中的 x 轴为色彩的输入值,y 轴为色彩的输出值。曲线代表了输入和输出色阶的关系。

绘制曲线工具 ,在默认状态下使用的是 工具,使用它在图表曲线上单击可以增加控制点,按住鼠标左键拖曳控制点可以改变曲线的形状,拖曳控制点到图表外将删除控制点。使用 工具可以在图表中绘制出任意曲线,单击右侧的"平滑"按钮可使曲线变得平滑。按住 Shift 键,使用 工具可以绘制出直线段。

"输入"和"输出"数值表示的是图表中鼠标指针所在位置的亮度值。

"自动"按钮可用于自动调整图像的亮度。

调整曲线及对应的图像效果如图 6-13 ~ 图 6-16 所示。

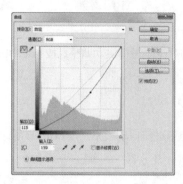

图 6-13

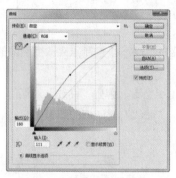

图 6-14

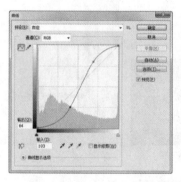

图 6-15

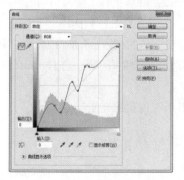

图 6-16

6.5 "色彩平衡"命令

"色彩平衡"命令用于调节图像的色彩平衡度。

选择"色彩平衡"命令，或按 Ctrl+B 组合键，弹出"色彩平衡"对话框，如图 6-17 所示。

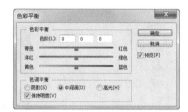

图 6-17

在对话框中，"色彩平衡"选项组用于在选区中添加过渡色来平衡色彩效果，拖曳滑块可以调整整个图像的色彩，也可以在"色阶"数值框中输入数值来调整整个图像的色彩。"色调平衡"选项组用于选取图像的阴影、中间调、高光区域。"保持明度"选项用于保持原图像的亮度。

调整色彩平衡及对应的图像效果如图 6-18 和图 6-19 所示。

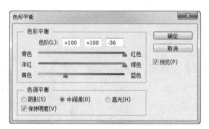

图 6-18

图 6-19

6.6 "亮度/对比度"命令

"亮度/对比度"命令可以用来调节图像的亮度和对比度。

打开一个图像，如图 6-20 所示。选择"亮度/对比度"命令，弹出"亮度/对比度"对话框，如图 6-21 所示。在对话框中，可以通过拖曳"亮度"和"对比度"滑块来调整图像的亮度和对比度。

按图 6-22 设置图像的亮度与对比度，单击"确定"按钮，效果如图 6-23 所示。

图 6-20

图 6-21

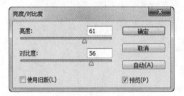

图 6-22

图 6-23

6.7 "色相/饱和度" 命令

6.7.1 使用 "色相/饱和度" 命令

"色相/饱和度" 命令可以用来调节图像的色相和饱和度。选择 "色相/饱和度" 命令，或按 Ctrl+U 组合键，弹出 "色相/饱和度" 对话框，如图 6-24 所示。

在 "色相/饱和度" 对话框中，"预设" 选项用于选择要调整的色彩范围，可以通过拖曳对应的滑块来调整图像的色彩、饱和度和明度；"着色" 选项用于在由灰度模式转换而来的色彩模式图像中添加需要的颜色。

勾选 "着色" 复选框，设置 "色相/饱和度" 对话框中的选项，如图 6-25 所示，图像效果如图 6-26 所示。

图 6-24

图 6-25

图 6-26

在 "色相/饱和度" 对话框中的 "全图" 下拉列表中选择 "黄色"，拖曳两条色带间的滑块，使图像的色彩符合要求，进行图 6-27 所示的设置，图像效果如图 6-28 所示。

图 6-27

图 6-28

技巧

　　按住 Alt 键，"色相/饱和度"对话框中的"取消"按钮会变为"复位"按钮，单击"复位"按钮，可以对"色相/饱和度"对话框中的选项重新进行设置。此方法也适用于下一节要讲解的颜色命令。

6.7.2　课堂案例——修正详情页主图中偏色的图片

【案例学习目标】学习使用调整命令调整图像的色调。

【案例知识要点】使用"色相/饱和度"命令调整图片的色调，最终效果如图 6-29 所示。

【效果所在位置】Ch06\效果\修正详情页主图中偏色的图片.psd。

（1）按 Ctrl+N 组合键，弹出"新建"对话框，设置宽度为 800 像素，高度为 800 像素，分辨率为 72 像素/英寸，颜色模式为 RGB，背景内容为白色，单击"确定"按钮，新建一个文件。

图 6-29

修正详情页主图中
偏色的图片

（2）按 Ctrl＋O 组合键，打开云盘中的"Ch06 > 素材 > 修正详情页主图中偏色的图片 > 01"文件，如图 6-30 所示。选择"移动"工具，将 01 图像拖曳到新建的图像窗口中适当的位置，"图层"控制面板中会生成新的图层，将其重命名为"包包"，如图 6-31 所示。选择"图像 > 调整 > 色相/饱和度"命令，在弹出的对话框中进行设置，如图 6-32 所示。

图 6-30

图 6-31

图 6-32

（3）单击"全图"选项，在弹出的下拉列表中选择"红色"，各选项的设置如图 6-33 所示。单击"红色"选项，在弹出的下拉列表中选择"黄色"，各选项的设置如图6-34所示。

图6-33	图6-34

（4）单击"黄色"选项，在弹出的下拉列表中选择"青色"，各选项的设置如图6-35所示。单击"青色"选项，在弹出的下拉列表中选择"蓝色"，各选项的设置如图6-36所示。

图6-35	图6-36

（5）单击"蓝色"选项，在弹出的下拉列表中选择"洋红"，各选项的设置如图6-37所示。单击"确定"按钮，图像效果如图6-38所示。

图6-37	图6-38

（6）单击"图层"控制面板下方的"添加图层样式"按钮 *fx.*，在弹出的菜单中选择"投影"命令。弹出对话框，将阴影颜色设置为黑色，其他选项的设置如图6-39所示。单击"确定"按钮，效果如图6-40所示。

（7）按Ctrl+O组合键，打开云盘中的"Ch06 > 素材 > 修正详情页主图中偏色的图片 > 02"文件。选择"移动"工具 ，将02图像拖曳到新建的图像窗口中适当的位置，如图6-41所示，"图层"控制面板中会生成新的图层，将其重命名为"文字"。详情页主图中偏色的图片修正完成。

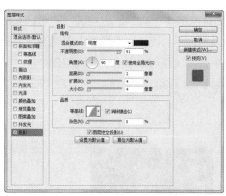

图 6-39

图 6-40

图 6-41

6.8　颜色命令

使用"去色""匹配颜色""替换颜色""可选颜色"命令可以便捷地改变图像的颜色。

6.8.1　"去色"命令

"去色"命令能够用于去除图像中的颜色。

选择"去色"命令，或按 Shift+Ctrl+U 组合键，可以去掉图像的色彩，使图像变为灰度图，但图像的颜色模式并不改变。"去色"命令可以应用于图像的选区，对选区中的图像进行去掉色彩的处理。

6.8.2　"匹配颜色"命令

"匹配颜色"命令用于对色调不同的图片进行调整，将其统一成协调的色调。这在进行图像合成的时候非常方便、实用。

打开两张不同色调的图片，如图 6-42 和图 6-43 所示。选择需要调整的图片，选择"匹配颜色"命令，弹出"匹配颜色"对话框，如图 6-44 所示。在"匹配颜色"对话框中，需要先在"源"选项中选择匹配源文件的名称，然后再设置其他选项。

图 6-42

图 6-43

图 6-44

"目标"选项中显示了匹配目标文件的名称。如果当前调整的图中有选区，勾选"应用调整时忽略选区"复选框，可以忽略图中的选区并调整整个图像的颜色；不勾选"应用调整时忽略选区"复选框，可以调整图中选区内的颜色。在"图像选项"选项组中，可以通过拖动滑块来调整图像的"明亮度""颜色强度""渐隐"的数值，并可以勾选"中和"复选框，以确定调整的方式。在"图像统计"选项组中可以设置图像的颜色来源。

匹配颜色后的图像效果如图 6-45 和图 6-46 所示。

图 6-45 图 6-46

6.8.3 "替换颜色"命令

使用"替换颜色"命令能够对图像中的颜色进行替换。

选择"替换颜色"命令，弹出"替换颜色"对话框，如图 6-47 所示。可以在"选区"选项组下设置"颜色容差"数值，数值越大吸管工具取样的颜色范围越大，在"替换"选项组下调整图像颜色的效果越明显。选择"选区"单选项，可以创建蒙版并通过拖曳滑块来调整蒙版内图像的色相、饱和度和明度。

用吸管工具在图像中取样，调整图像的色相、饱和度和明度，"替换颜色"对话框如图 6-48 所示，样本的颜色被替换成新的颜色，如图 6-49 所示。单击"颜色"和"结果"色块，都会弹出"拾色器"对话框，可以在其中设置精确的颜色。

图 6-47 图 6-48 图 6-49

6.8.4 "可选颜色"命令

使用"可选颜色"命令能够将图像中的颜色替换成选择后的颜色。

选择"可选颜色"命令，弹出"可选颜色"对话框，如图 6-50 所示。在"可选颜色"对话框中，在"颜色"下拉列表中可以选择图像中含有的不同色彩，如图 6-51 所示。拖曳滑块可以调整青色、洋红色、黄色、黑色所占的百分比，调整方法分为"相对"或"绝对"两种。

图 6-50

图 6-51

调整"可选颜色"对话框中的各选项，如图 6-52 所示，调整后图像的效果如图 6-53 所示。

图 6-52

图 6-53

6.8.5　课堂案例——调整照片的色彩与明度

【案例学习目标】学习使用不同的颜色命令调整图片的颜色。

【案例知识要点】使用"可选颜色"命令和"曝光度"命令调整图片的颜色，最终效果如图 6-54 所示。

【效果所在位置】Ch06\效果\调整照片的色彩与明度.psd。

图 6-54

调整照片的色彩
与明度

（1）按 Ctrl+O 组合键，打开云盘中的"Ch06 > 素材 > 调整照片的色彩与明度 > 01"文件，如图 6-55 所示。将"背景"图层拖曳到"图层"控制面板下方的"创建新图层"按钮 上进行复制，生成新的图层"背景 副本"，如图 6-56 所示。

图 6-55

图 6-56

（2）选择"图像 > 调整 > 可选颜色"命令，弹出对话框，各选项的设置如图 6-57 所示。单击"颜色"选项右侧的 按钮，在弹出的下拉列表中选择"蓝色"，各选项的设置如图 6-58 所示。单击"颜色"选项右侧的 按钮，在弹出的下拉列表中选择"青色"，各选项的设置如图 6-59 所示，单击"确定"按钮。

图 6-57

图 6-58

图 6-59

（3）选择"图像 > 调整 > 曝光度"命令，在弹出的对话框中进行设置，如图 6-60 所示。单击"确定"按钮，效果如图 6-61 所示。

图 6-60

图 6-61

（4）选择"横排文字"工具 T ，在图像窗口中输入需要的文字并选取文字。按 Ctrl+T 组合键，打开"字符"控制面板，各选项的设置如图 6-62 所示，按 Enter 键确认操作，效果如图 6-63 所示，"图层"控制面板中会生成新的文字图层。照片的色彩与明度调整完成。

图 6-62

图 6-63

6.9 "通道混合器"和"渐变映射"命令

"通道混合器"和"渐变映射"命令用于调整图像的通道颜色和明暗色调。下面将对其进行具体的讲解。

6.9.1 "通道混合器"命令

"通道混合器"命令用于调整图像通道中的颜色。

选择"通道混合器"命令,弹出"通道混和器"对话框,如图 6-64 所示。在"通道混和器"对话框中,"输出通道"选项用于选取要修改的通道,"源通道"选项组用于调整图像,"常数"选项也用于调整图像,"单色"选项用于创建灰度模式的图像。

在"通道混和器"对话框中进行设置,如图 6-65 所示,图像效果如图 6-66 所示。所选图像的颜色模式不同,"通道混和器"对话框中的内容也不同。

图 6-64

图 6-65

图 6-66

6.9.2 "渐变映射"命令

"渐变映射"命令用于将图像的最暗和最亮色调映射为一组渐变色中的最暗和最亮色调。下面将对其进行具体的讲解。

打开一个图像,选择"渐变映射"命令,弹出"渐变映射"对话框,如图 6-67 所示。在"渐变映射"对话框中,"灰度映射所用的渐变"选项用于选择不同的渐变形式,"仿色"选项用于为转变色阶后的图像增加仿色,"反向"选项用于将转变色阶后的图像颜色反转。

图 6-67

在"渐变映射"对话框中进行设置,如图 6-68 所示,图像效果如图 6-69 所示。

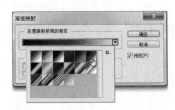

图 6-68

图 6-69

6.9.3 课堂案例——制作艺术化照片

【案例学习目标】学习使用不同的调整命令制作艺术化照片。

【案例知识要点】使用"矩形选框"工具、"渐变"工具、图层混合模式和"通道混合器"命令制作艺术化照片，最终效果如图 6-70 所示。

【效果所在位置】Ch06\效果\制作艺术化照片.psd。

制作艺术化照片

图 6-70

（1）按 Ctrl+O 组合键，打开云盘中的"Ch06 > 素材 > 制作艺术化照片 > 01"文件，如图 6-71 所示。选择"矩形选框"工具▣，在图像窗口中适当的位置绘制一个矩形选区，效果如图 6-72 所示。

图 6-71

图 6-72

（2）选择"渐变"工具▣，单击属性栏中的"点按可编辑渐变"按钮▭▭▭▭▼，弹出"渐变编辑器"对话框。选择预设的"橙、黄、橙渐变"，如图 6-73 所示。在图像窗口中由上至下拖曳鼠标以填充渐变色，效果如图 6-74 所示。将"渐变"图层的混合模式设置为"柔光"，图像效果如图 6-75 所示。

（3）选择"背景"图层。选择"矩形选框"工具▣，在图像窗口中适当的位置绘制一个矩形选区，如图 6-76 所示。按 Ctrl+J 组合键，复制选区中的图像，"图层"控制面板中会生成新的图层，将其重命名为"黑白"。将该图层拖曳到所有图层的上方，如图 6-77 所示。

图 6-73　　　　　　　　　　　　图 6-74　　　　　　　　　　　　图 6-75

图 6-76　　　　　　　　　　　　　　　　图 6-77

（4）选择"图像 > 调整 > 通道混合器"命令，在弹出的对话框中进行设置，如图 6-78 所示。单击"确定"按钮，效果如图 6-79 所示。

（5）选择"横排文字"工具 T，在图像窗口中适当的位置输入所需要的文字并选取文字，在属性栏中选择合适的字体和文字大小，将"文本颜色"选项设置为白色，效果如图 6-80 所示，"图层"控制面板中会生成新的文字图层。艺术化照片制作完成。

图 6-78　　　　　　　　　　　　图 6-79　　　　　　　　　　　　图 6-80

6.10　"照片滤镜"命令

"照片滤镜"命令用于模仿传统相机的滤镜效果，通过调整图像颜色可以获得各种效果。

打开一个图像，选择"照片滤镜"命令，弹出"照片滤镜"对话框，如图 6-81 所示。在对话框的"滤镜"选项中选择颜色调整的过滤模式。单击"颜色"色块，弹出"拾色器"对话框，可以在其中设置精确的颜色来对图像进行过滤。拖动"浓度"滑块，设置过滤颜色的百分比，效果如图 6-82 所示。

勾选"保留明度"复选框进行调整时，图像的明度保持不变；取消勾选时，图像的全部颜色都会发生改变，效果如图 6-83 所示。

图 6-81

图 6-82

图 6-83

6.11 "阴影/高光"命令

6.11.1 使用"阴影/高光"命令

"阴影/高光"命令用于快速改善图像中曝光过度或曝光不足区域的对比度，同时保持图像的整体平衡。

打开一个图像，如图 6-84 所示，选择"阴影/高光"命令，弹出"阴影/高光"对话框，如图 6-85 所示，可以预览到图像的暗部变化，效果如图 6-86 所示。

图 6-84

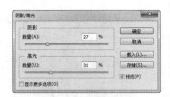
图 6-85

图 6-86

在"阴影/高光"对话框中，在"阴影"选项组的"数量"选项中拖曳滑块可设置阴影数量的百分比，数值越大图像越亮。在"高光"选项组的"数量"选项中拖曳滑块可设置高光数量的百分比，数值越大图像越暗。"显示更多选项"用于显示或者隐藏其他选项，进一步对各选项组进行精确设置。

6.11.2 课堂案例——制作传统美食公众号封面次图

【案例学习目标】学习使用调色命令调整食物图片。

【案例知识要点】使用"照片滤镜"命令和"阴影/高光"命令调整美食图片，使用"横排文字"工具添加文字，效果如图 6-87 所示。

【效果所在位置】Ch06\效果\制作传统美食公众号

图 6-87

制作传统美食
公众号封面次图

封面次图.psd。

（1）按 Ctrl＋O 组合键，打开云盘中的"Ch06 > 素材 > 制作传统美食公众号封面次图 > 01"文件，如图 6-88 所示。按 Ctrl+J 组合键，复制图层，"图层"控制面板中会生成新的图层"图层1"，如图 6-89 所示。

图 6-88

图 6-89

（2）选择"图像 > 调整 > 照片滤镜"命令，在弹出的对话框中进行设置，如图 6-90 所示，单击"确定"按钮，效果如图 6-91 所示。

图 6-90

图 6-91

（3）选择"图像 > 调整 > 阴影/高光"命令，弹出对话框，勾选"显示更多选项"复选框，其他选项的设置如图 6-92 所示，单击"确定"按钮，效果如图 6-93 所示。

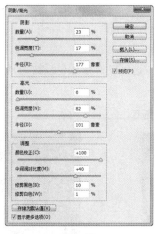
图 6-92

图 6-93

（4）选择"横排文字"工具 ，在适当的位置输入需要的文字并选取文字。选择"窗口 > 字符"命令，弹出"字符"控制面板，将"颜色"选项设置为白色，其他选项的设置如图 6-94 所示，按 Enter键确认操作，效果如图 6-95 所示，"图层"控制面板中会生成新的文字图层。

图 6-94

图 6-95

（5）再次在适当的位置输入需要的文字并选取文字。在"字符"控制面板中进行设置，如图 6-96 所示，按 Enter 键确认操作，效果如图 6-97 所示。用相同的方法制作出图 6-98 所示的效果。传统美食公众号封面次图制作完成。

图 6-96

图 6-97

图 6-98

6.12　"反相"和"色调均化"命令

"反相"和"色调均化"命令用于调整图像的色相和色调。下面将对其进行具体的讲解。

6.12.1　"反相"命令

选择"反相"命令，或按 Ctrl+I 组合键，可以将图像或选区的像素颜色反转为其补色，使其出现底片效果。

原图及不同颜色模式的图像反相后的效果如图 6-99 所示。

原图

RGB 模式反相后的效果

CMYK 模式反相后的效果

图 6-99

提示

反相效果是对图像的每一个颜色通道进行反相后的合成效果，不同颜色模式的图像反相后的效果是不同的。

6.12.2 "色调均化"命令

"色调均化"命令用于调整图像或选区像素过黑的部分，使图像变得明亮，并将图像中其他的像素平均分配到亮度色谱中。

选择"色调均化"命令，不同颜色模式的图像将产生不同的图像效果，如图 6-100 所示。

原图   RGB 模式色调均化的效果 CMYK 模式色调均化的效果 Lab 模式色调均化的效果

图 6-100

6.13   "阈值"和"色调分离"命令

"阈值"和"色调分离"命令用于调整图像的色调和将图像中的色调进行分离。下面将对其进行具体的讲解。

6.13.1 "阈值"命令

"阈值"命令用于提高图像色调的反差度。

选择"阈值"命令，弹出"阈值"对话框，如图 6-101 所示。在"阈值"对话框中拖曳滑块或在"阈值色阶"数值框中输入数值，可以改变图像的阈值，系统会使大于阈值的像素变为白色，小于阈值的像素变为黑色，让图像具有高反差度，图像效果如图 6-102 所示。

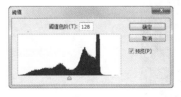

图 6-101   图 6-102

6.13.2 "色调分离"命令

"色调分离"命令用于将图像中的色调进行分离。选择"色调分离"命令，弹出"色调分离"对话框，如图 6-103 所示。

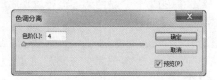

图 6-103

在"色调分离"对话框中，"色阶"选项用于指定色阶数，系统将以 256 阶的亮度对图像中的像素亮度进行分配。色阶数值越大，图像产生的变化越小。"色调分离"命令主要用于减少图像中的灰度。

不同的色阶数值会产生不同的效果，如图 6-104 和图 6-105 所示。

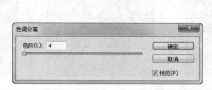

图 6-104

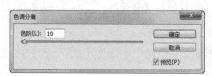

图 6-105

6.13.3　课堂案例——制作小寒节气宣传海报

【案例学习目标】学习使用不同的调整命令调整图像的颜色。

【案例知识要点】使用"色调分离"命令和"阈值"命令调整图像，最终效果如图 6-106 所示。

图 6-106

制作小寒节气
宣传海报

【效果所在位置】Ch06\效果\制作小寒节气宣传海报.psd。

（1）按 Ctrl＋O 组合键，打开云盘中的"Ch06 > 素材 > 制作小寒节气宣传海报 > 01"文件，如图 6-107 所示。将"背景"图层拖曳到"图层"控制面板下方的"创建新图层"按钮 上进行复制，生成新的图层"背景 副本"。将该图层的混合模式设置为"正片叠底"，如图 6-108 所示。

（2）选择"图像 > 调整 > 色调分离"命令，在弹出的对话框中进行设置，如图 6-109 所示。单击"确定"按钮，效果如图 6-110 所示。

图 6-107　　　　　　图 6-108　　　　　　　　　　　图 6-109　　　　　　图 6-110

（3）单击"图层"控制面板下方的"添加图层蒙版"按钮 ，为"背景 副本"图层添加图层蒙版，如图 6-111 所示。选择"渐变"工具 ，单击属性栏中的"点按可编辑渐变"按钮 ，弹出"渐变编辑器"对话框。将渐变色设置为从黑色到白色，如图 6-112 所示，单击"确定"按钮。在图像窗口中由左下至右上拖曳鼠标，填充渐变色，图像效果如图 6-113 所示。

（4）将"背景"图层拖曳到"图层"控制面板下方的"创建新图层"按钮 上进行复制，生成新的图层"背景 副本 2"，并将其拖曳到"背景 副本"图层的上方。将该图层的混合模式设置为"线性减淡（添加）"，如图 6-114 所示。

 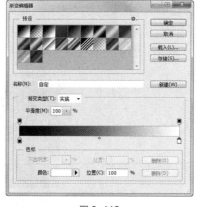  

图 6-111　　　　　　　　图 6-112　　　　　　　　图 6-113　　　　　图 6-114

（5）选择"图像 > 调整 > 阈值"命令，在弹出的对话框中进行设置，如图 6-115 所示。单击"确定"按钮，效果如图 6-116 所示。按住 Shift 键的同时单击"背景"图层，将需要的图层同时选取，按 Ctrl+E 组合键，合并图层。

（6）选择"图像 > 调整 > 色相/饱和度"命令，在弹出的对话框中进行设置，如图 6-117 所示。单击"确定"按钮，效果如图 6-118 所示。

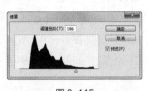

| 图 6-115 | 图 6-116 | 图 6-117 | 图 6-118 |

（7）选择"图像 > 调整 > 色阶"命令，在弹出的对话框中进行设置，如图 6-119 所示。单击"确定"按钮，效果如图 6-120 所示。

（8）选择"直排文字"工具[T]，在图像窗口中输入需要的文字并选取文字。在属性栏中选择合适的字体并设置适当的文字大小，将"文本颜色"选项设置为白色，"图层"控制面板中会生成新的文字图层。按 Ctrl+T 组合键，打开"字符"控制面板，各选项的设置如图 6-121 所示，按 Enter 键确认操作，效果如图 6-122 所示。

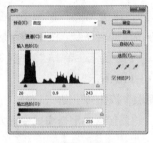

| 图 6-119 | 图 6-120 | 图 6-121 | 图 6-122 |

（9）选择"横排文字"工具[T]，在图像窗口中输入需要的文字并选取文字。在属性栏中选择合适的字体并设置适当的文字大小，效果如图 6-123 所示，"图层"控制面板中会生成新的文字图层。使用相同的方法输入其他文字，效果如图 6-124 所示。小寒节气宣传海报制作完成。

| 图 6-123 | 图 6-124 |

6.14 "变化"命令

"变化"命令用于调整图像的色彩。选择"变化"命令，弹出"变化"对话框，如图 6-125 所示。

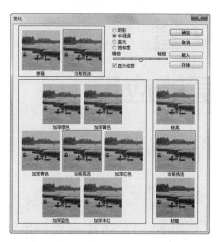

图 6-125

在"变化"对话框中，上面中间的 4 个选项用于控制图像色彩的改变范围，下面的滑块用于设置调整的等级；左上方区域中的两个图像是图像的原稿和调整前挑选的图像稿；左下方区域中的 7 个图像用于选择不同的颜色效果，以调整图像的亮度、饱和度等；右下方区域中的 3 个图像为调整图像亮度的效果；勾选"显示修剪"复选框，可以在图像色彩调整超出色彩空间时显示超色域。

课后习题——制作数码摄影公众号封面首图

【习题知识要点】使用"色相/饱和度"命令、"曲线"命令和"照片滤镜"命令调整图片的颜色，最终效果如图 6-126 所示。

【效果所在位置】Ch06\效果\制作数码摄影公众号封面首图.psd。

制作数码摄影
公众号封面首图

图 6-126

07

第 7 章
图层的应用

本章介绍

图层在 Photoshop CS6 中有着举足轻重的作用。只有熟练掌握图层的概念和操作，才有可能成为真正的 Photoshop CS6 高手。本章将详细讲解图层的应用方法和操作技巧。读者学习本章后应了解并掌握图层的强大功能，并能充分利用图层来为自己的设计作品增光添彩。

学习目标

- ✔ 掌握图层混合模式的应用技巧。
- ✔ 了解图层的特殊效果。
- ✔ 掌握图层的编辑方法和技巧。
- ✔ 熟练掌握图层蒙版的建立和使用方法。
- ✔ 掌握应用填充图层和调整图层的方法。
- ✔ 了解"样式"控制面板的使用方法。

技能目标

- ✔ 掌握"计算器图标"的制作方法。
- ✔ 掌握"服装类 App 主页 Banner"的制作方法。
- ✔ 掌握"风景合成图片"的制作方法。
- ✔ 掌握"生活摄影公众号首页次图"的制作方法。

素养目标

- ✔ 了解典雅的中式美学。
- ✔ 培养良好的构图能力。

7.1 图层的混合模式

为图层设置不同的模式，可以使图层产生不同的效果。在"图层"控制面板中，第一个选项 正常 用于设置图层的混合模式，其下拉列表中包含 27 种模式，如图 7-1 所示。

下面，打开两个图像文件，如图 7-2 和图 7-3 所示，通过实例来对各模式进行讲解。用"移动"工具 将月亮图像（见图 7-3）拖曳到背景图像（见图 7-2）上，"图层"控制面板中的设置如图 7-4 所示。

图 7-1　　　　　　　图 7-2　　　　　　　图 7-3　　　　　　　图 7-4

应用不同的混合模式，图像的混合效果如图 7-5 所示。

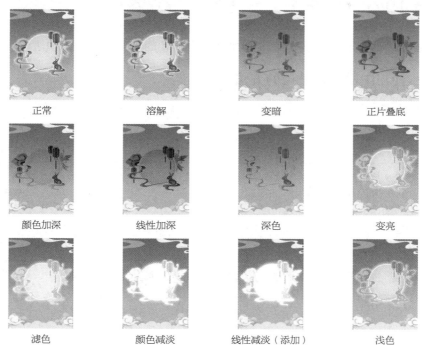

正常　　　　　　溶解　　　　　　变暗　　　　　正片叠底

颜色加深　　　　线性加深　　　　深色　　　　　变亮

滤色　　　　　颜色减淡　　　线性减淡（添加）　　浅色

图 7-5

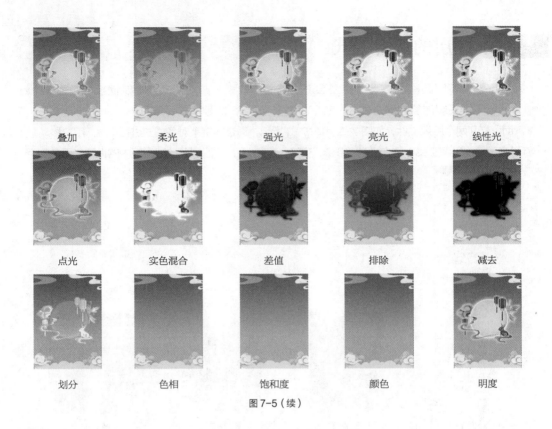

| 叠加 | 柔光 | 强光 | 亮光 | 线性光 |

| 点光 | 实色混合 | 差值 | 排除 | 减去 |

| 划分 | 色相 | 饱和度 | 颜色 | 明度 |

图 7-5（续）

7.2　图层特殊效果

为图层添加不同的效果，可以使图层中的图像产生丰富的变化。下面将对其进行具体介绍。

7.2.1　使用图层特殊效果的方法

使用图层特殊效果有以下几种方法。

● 使用"图层"控制面板的弹出菜单

单击"图层"控制面板右上方的 ▾≣ 图标，将弹出菜单。在弹出的菜单中选择"混合选项"命令，将弹出"图层样式"对话框，单击对话框左侧的任何一个图标，都会弹出相应的效果对话框。

● 使用"图层"菜单中的命令

选择"图层 > 图层样式 > 混合选项"命令，打开"图层样式"对话框。

● 使用"图层"控制面板中的按钮

单击"图层"控制面板中的"添加图层样式"按钮 *fx*,，弹出图层特殊效果菜单，如图 7-6 所示。

混合选项...
斜面和浮雕...
描边...
内阴影...
内发光...
光泽...
颜色叠加...
渐变叠加...
图案叠加...
外发光...
投影...

图 7-6

7.2.2　图层特殊效果介绍

下面对图层特殊效果的相关命令进行介绍。

1. "样式" 命令

"样式"命令用于使当前图层产生样式效果。在"图层"控制面板中单击右上方的 图标，在弹出的菜单中选择此命令会弹出"样式"对话框，如图 7-7 所示。

选择好要应用的样式，单击"确定"按钮，效果将出现在图层中。如果用户制作了新的样式，单击"新建样式"按钮，弹出"新建样式"对话框，如图 7-8 所示，输入名称后，单击"确定"按钮即可保存。

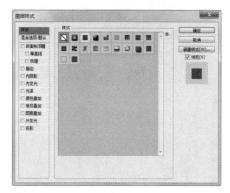

图 7-7

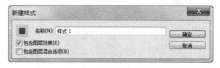

图 7-8

2. "混合选项" 命令

"混合选项"命令用于使当前图层产生默认效果。选择此命令会弹出"图层样式"对话框，如图 7-9 所示。

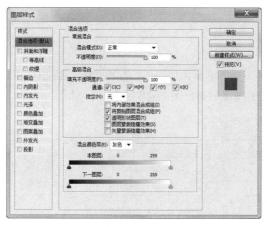

图 7-9

在"图层样式"对话框中，"混合模式"选项用于选择混合模式，"不透明度"选项用于设置不透明度，"填充不透明度"选项用于设置填充图层的不透明度，"通道"选项用于选择要混合的通道，"挖空"选项用于设置图层颜色的深浅，"将内部效果混合成组"选项用于将本次的图层效果组成一组，"将剪贴图层混合成组"选项用于将剪贴的图层组成一组，"混合颜色带"选项用于将图层的色彩混合，"本图层"和"下一图层"选项用于设置当前图层和下一图层颜色的深浅。

3. "斜面和浮雕"命令

"斜面和浮雕"命令用于使当前图层产生一种斜面与浮雕的效果。现有一个图像，如图 7-10 所示，"图层"控制面板如图 7-11 所示。选择"斜面和浮雕"命令，弹出"图层样式"对话框，如图 7-12 所示。应用"斜面和浮雕"命令后的图像效果如图 7-13 所示。

图 7-10

图 7-11

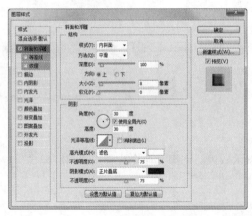

图 7-12

图 7-13

4. "描边"命令

"描边"命令用于为当前图层的图案添加描边。选择此命令会弹出"图层样式"对话框，如图 7-14 所示。应用"描边"命令后的图像效果如图 7-15 所示。

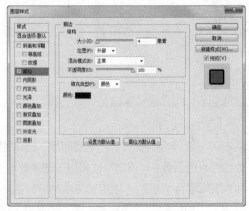

图 7-14

图 7-15

5. "内阴影"命令

"内阴影"命令用于在当前图层内部产生阴影效果。此命令的对话框内容与"投影"命令的对话框内容基本相同。选择此命令会弹出"图层样式"对话框，如图 7-16 所示。应用"内阴影"命令后的图像效果如图 7-17 所示。

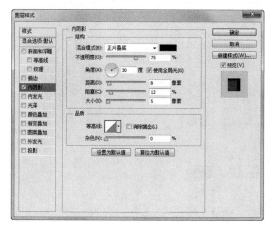

图 7-16   图 7-17

6. "内发光"命令

"内发光"命令用于在图像的边缘内部产生一种辉光效果。此命令的对话框内容与"外发光"命令的对话框内容基本相同。选择此命令会弹出"图层样式"对话框，如图 7-18 所示。应用"内发光"命令后的图像效果如图 7-19 所示。

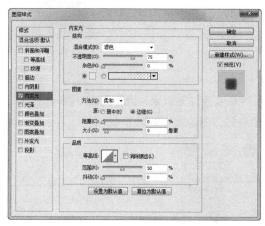

图 7-18   图 7-19

7. "光泽"命令

"光泽"命令用于使当前图层产生光泽效果。选择此命令会弹出"图层样式"对话框，如图 7-20 所示。应用"光泽"命令后的图像效果如图 7-21 所示。

8. "颜色叠加"命令

"颜色叠加"命令用于使当前图层产生一种颜色叠加的效果。选择此命令会弹出"图层样式"对话框，如图 7-22 所示。应用"颜色叠加"命令后的图像效果如图 7-23 所示。

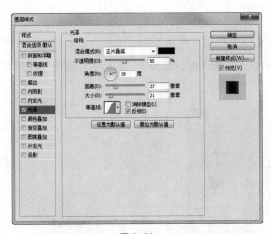

图 7-20

图 7-21

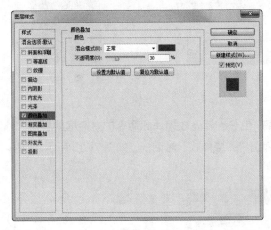

图 7-22

图 7-23

9. "渐变叠加"命令

"渐变叠加"命令用于使当前图层产生一种渐变叠加的效果。选择此命令会弹出"图层样式"对话框，如图 7-24 所示。应用"渐变叠加"命令后的图像效果如图 7-25 所示。

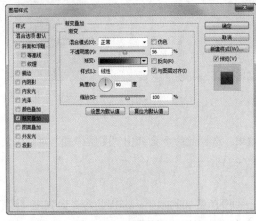

图 7-24

图 7-25

10. "图案叠加"命令

"图案叠加"命令用于在当前图层的基础上添加一个新的图案以覆盖效果层。选择此命令会弹出"图层样式"对话框，如图 7-26 所示。应用"图案叠加"命令后的图像效果如图 7-27 所示。

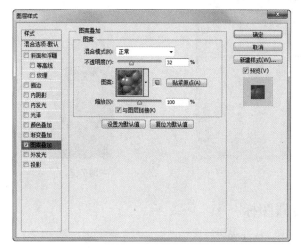

图 7-26   图 7-27

11. "外发光"命令

"外发光"命令用于在图像的边缘外部产生一种辉光效果。选择此命令会弹出"图层样式"对话框，如图 7-28 所示。应用"外发光"命令后的图像效果如图 7-29 所示。

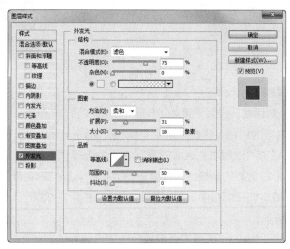

图 7-28   图 7-29

12. "投影"命令

"投影"命令用于使当前图层产生阴影效果。选择"投影"命令会弹出"图层样式"对话框，如图 7-30 所示。应用"投影"命令后的图像效果如图 7-31 所示。

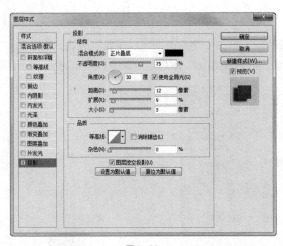

图 7-30

图 7-31

7.2.3 课堂案例——制作计算器图标

【案例学习目标】学习使用图层样式制作计算器图标。

【案例知识要点】使用"圆角矩形"工具、"转换点"工具和"椭圆"工具绘制图标底图和符号，使用图层样式制作立体效果，最终效果如图 7-32 所示。

图 7-32

制作计算器图标

【效果所在位置】Ch07\效果\制作计算器图标.psd。

（1）按 Ctrl+N 组合键，弹出"新建"对话框，设置宽度为 8.5 厘米，高度为 8.5 厘米，分辨率为 150 像素/英寸，颜色模式为 RGB，背景内容为白色，单击"确定"按钮，新建一个文件。

（2）选择"油漆桶"工具 ，在属性栏的"设置填充区域的源"选项中选择"图案"，单击右侧的"图案"选项，弹出图案选择面板，单击右上方的 按钮，在弹出的菜单中选择"彩色纸"命令，弹出提示对话框，单击"追加"按钮。在图案选择面板中选择需要的图案，如图 7-33 所示。在图像窗口中单击，填充图像，效果如图 7-34 所示。

（3）选择"圆角矩形"工具 ，将属性栏中的"选择工具模式"选项设置为"形状"，"半径"选项设置为 80 像素，在图像窗口中拖曳鼠标以绘制圆角矩形，图像效果如图 7-35 所示，"图层"控制面板中会生成新的形状图层"圆角矩形 1"。

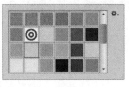

图 7-33

图 7-34

图 7-35

（4）单击"图层"控制面板下方的"添加图层样式"按钮 ，在弹出的菜单中选择"斜面和浮雕"命令，弹出对话框，将渐变色设为从青灰色（213、219、239）到蓝灰色（184、194、216），其他选项的设置如图 7-36 所示。

（5）选择"渐变叠加"选项，切换到相应的面板，单击"渐变"选项右侧的"点按可编辑渐变"按钮，弹出"渐变编辑器"对话框，将渐变色设置为从浅青色（213、219、239）到青灰色（184、194、216），其他选项的设置如图 7-37 所示，单击"确定"按钮。

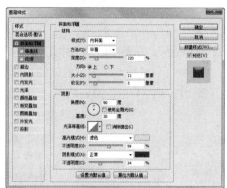

图 7-36

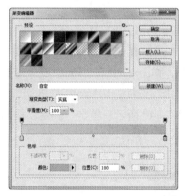

图 7-37

（6）返回"图层样式"对话框，其他选项的设置如图 7-38 所示。选择"投影"选项，切换到相应的面板，将投影颜色设置为黑色，其他选项的设置如图 7-39 所示，单击"确定"按钮。

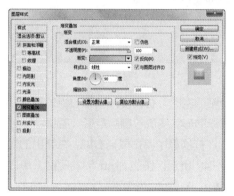

图 7-38

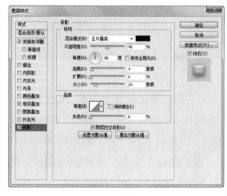

图 7-39

（7）在属性栏中将"填充"颜色设置为淡灰色（241、241、241），"描边"颜色设置为无。选择"圆角矩形"工具 ，在图像窗口中适当的位置单击，弹出"创建圆角矩形"对话框，各选项的设置如图 7-40 所示。单击"确定"按钮，效果如图 7-41 所示，"图层"控制面板中会生成新的形状图层"圆角矩形 2"。

图 7-40

图 7-41

（8）选择"转换点"工具 ，分别单击需要的锚点，使曲线路径转换为直线段，效果如图 7-42 所示。按住 Ctrl+Shift 组合键，将需要的锚点拖曳至适当的位置，效果如图 7-43 所示。使用相同的方法拖曳其他锚点，效果如图 7-44 所示。

图 7-42

图 7-43

图 7-44

（9）单击"图层"控制面板下方的"添加图层样式"按钮 fx.，在弹出的菜单中选择"斜面和浮雕"命令，弹出对话框，将阴影颜色设置为灰色（74、77、86），其他选项的设置如图 7-45 所示。选择"投影"选项，切换到相应的面板，将投影颜色设置为暗灰色（95、98、104），其他选项的设置如图 7-46 所示，单击"确定"按钮。

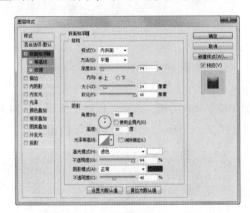

图 7-45

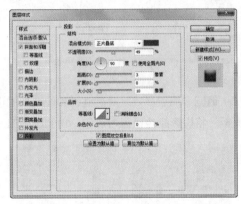

图 7-46

（10）选择"移动"工具 ，按住 Alt+Shift 组合键的同时，将图形拖曳到适当的位置，复制图形，效果如图 7-47 所示，"图层"控制面板中会生成新的形状图层"圆角矩形 2 副本"。

（11）按 Ctrl+T 组合键，图形周围会出现变换框，在变换框中单击鼠标右键，在弹出的快捷菜单中选择"水平翻转"命令，水平翻转图形，效果如图 7-48 所示。按住 Shift 键的同时，单击"圆角矩形 2"图层，将两个图层同时选中，"图层"控制面板如图 7-49 所示。

图 7-47

图 7-48

图 7-49

（12）按住 Alt 键的同时，在图像窗口中将图形拖曳到适当的位置，复制图形，效果如图 7-50 所示，"图层"控制面板中会生成新的形状图层"圆角矩形 2 副本 2"和"圆角矩形 2 副本 3"。按 Ctrl+T 组合键，图形周围会出现变换框，在变换框中单击鼠标右键，在弹出的快捷菜单中选择"垂直翻转"命令，垂直翻转图形，效果如图 7-51 所示。

（13）在"图层"控制面板中双击最上方图层的"斜面和浮雕"图层样式，在弹出的对话框中将高光颜色设置为暗红色（133、1、0），其他选项的设置如图 7-52 所示。

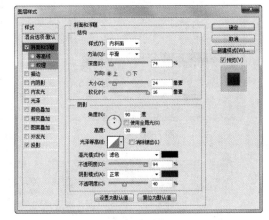

图 7-50　　　　　　图 7-51　　　　　　　　　　　　　　图 7-52

（14）选择"颜色叠加"选项，切换到相应的面板，将叠加颜色设置为红色（204、36、34），其他选项的设置如图 7-53 所示。单击"确定"按钮，效果如图 7-54 所示。

（15）选择"椭圆"工具，将属性栏中的"选择工具模式"选项设置为"形状"，将"填充"颜色设置为红色（204、36、34），按住 Shift 键的同时，在图像窗口中绘制圆形，如图 7-55 所示，"图层"控制面板中会生成新的形状图层"椭圆 1"。

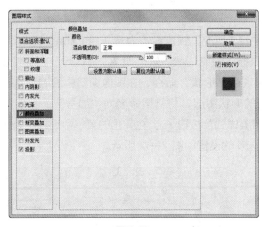

图 7-53　　　　　　　　　　　　　　图 7-54　　　　　　图 7-55

（16）单击"图层"控制面板下方的"添加图层样式"按钮，在弹出的菜单中选择"渐变叠加"命令，弹出对话框。单击"渐变"选项右侧的"点按可编辑渐变"按钮，弹出"渐变编辑器"对话框。将渐变色设置为从红色（222、60、58）到暗红色（204、19、18），其他选项的设置如图 7-56 所示，单击"确定"按钮。返回"图层样式"对话框，其他选项的设置如图 7-57 所示。

（17）选择"外发光"选项，切换到相应的面板，将发光颜色设置为浅红色（254、143、141），其他选项的设置如图 7-58 所示。单击"确定"按钮，效果如图 7-59 所示。

图 7-56

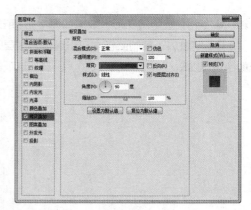

图 7-57

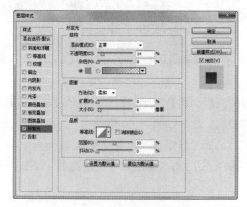

图 7-58

图 7-59

（18）选择"圆角矩形"工具 ，在属性栏中将"填充"颜色设置为青灰色（154、174、198），"半径"选项设置为 5 像素，在图像窗口中拖曳鼠标以绘制形状，效果如图 7-60 所示。在属性栏中单击"路径操作"按钮 ，在弹出的菜单中选择"合并形状"命令，在图像窗口中绘制形状，效果如图 7-61 所示，"图层"控制面板中会生成新的形状图层，将其重命名为"加号"。

（19）单击"图层"控制面板下方的"添加图层样式"按钮 **fx.**，在弹出的菜单中选择"描边"命令，弹出对话框，将描边颜色设置为白色，其他选项的设置如图 7-62 所示。

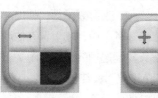

图 7-60

图 7-61

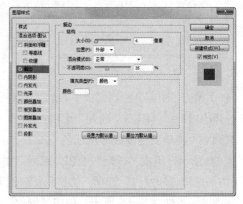

图 7-62

（20）选择"内阴影"选项，切换到相应的面板，将阴影颜色设置为墨蓝色（28、44、62），其他选项的设置如图 7-63 所示，单击"确定"按钮。使用相同的方法制作其他符号，效果如图 7-64 所示，"图层"控制面板中会分别生成新的形状图层"乘号""减号""等号"。

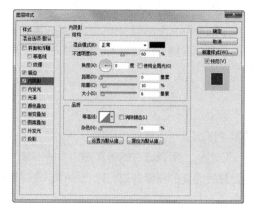

图 7-63   图 7-64

（21）双击"等号"图层的图层样式，弹出对话框，选择"颜色叠加"选项，切换到相应的面板，将叠加颜色设置为白色，其他选项的设置如图 7-65 所示。选择"描边"选项，切换到相应的面板，将描边颜色设置为红色（220、57、55），其他选项的设置如图 7-66 所示。单击"确定"按钮，效果如图 7-67 所示。计算器图标制作完成。

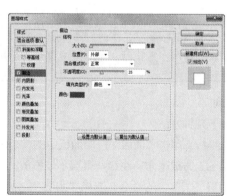

图 7-65   图 7-66   图 7-67

7.3　图层的编辑

在制作多层图像效果的过程中，需要对图层进行编辑和管理。

7.3.1　图层的显示、选择、链接和排列

图层的显示、选择、链接和排列等都是读者应该快速掌握的基本操作。下面将讲解其具体的操作方法。

1. 图层的显示

显示图层有以下两种方法。

- 使用"图层"控制面板中的图标。单击"图层"控制面板中某个图层左侧的眼睛图标 👁，可以隐藏这个图层。

- 使用按键。按住 Alt 键，单击"图层"控制面板中某个图层左侧的眼睛图标 👁，这时，"图层"控制面板中将只显示这个图层，不显示其他图层。再次单击"图层"控制面板中这个图层左侧的眼睛图标 👁，将显示全部图层。

2. 图层的选择

选择图层有以下两种方法。

- 使用鼠标。单击"图层"控制面板中的某个图层，可以选择这个图层。

- 使用鼠标右键。按 V 键，选择"移动"工具 ⊕，用鼠标右键单击窗口中的图像，弹出快捷菜单，选择所需的图层即可。将鼠标指针靠近需要的图像并进行以上操作，可以选择这个图像所在的图层。

3. 图层的链接

按住 Ctrl 键，连续单击选择多个要链接的图层，单击"图层"控制面板下方的"链接图层"按钮 🔗。若图层中显示出链接图标 🔗，则表示已将所选图层链接。图层链接后，将成为一组，当对一个链接图层进行操作时，会影响一组链接图层。再次单击"图层"控制面板中的"链接图层"按钮 🔗，可以取消图层的链接。

提示　　选择链接图层，再选择"图层 > 对齐"命令，弹出"对齐"命令的子菜单，选择需要的对齐方式后，可以按设置对齐链接图层中的图像。

4. 图层的排列

排列图层有以下几种方法。

- 使用鼠标拖放。单击"图层"控制面板中的某个图层并按住鼠标左键，拖曳鼠标可将其放到其他图层的上方或下方。注意背景层不能拖放，应先将其转换为普通层再进行拖放。

- 使用"图层"菜单中的命令。选择"图层 > 排列"命令，弹出"排列"命令的子菜单，选择其中的排列方式即可。

- 使用快捷键。按 Ctrl+[组合键，可以将当前图层向下移动一层。按 Ctrl+] 组合键，可以将当前图层向上移动一层。按 Shift+Ctrl+[组合键，可以将当前图层移动到全部图层的下面。按 Shift+Ctrl+] 组合键，可以将当前图层移动到全部图层的上面。

7.3.2　新建图层组

当编辑多层图像时，为了方便操作，可以将多个图层建立在一个图层组中。

新建图层组有以下几种方法。

- 使用"图层"控制面板中的菜单。单击"图层"控制面板右上方的 ▼≡ 图标，弹出菜单。在弹出的菜单中选择"新建组"命令，弹出"新建组"对话框，如图 7-68 所示。在该对话框中，

"名称"选项用于设置新图层组的名称，"颜色"选项用于选择新图层组在控制面板上的显示颜色，"模式"选项用于设置当前图层的合成模式，"不透明度"选项用于设置当前图层的不透明度。单击"确定"按钮，建立图 7-69 所示的图层组，也就是"组 1"。

● 使用"图层"控制面板中的按钮。单击"图层"控制面板中的"创建新组"按钮 ▢，将新建一个图层组。

● 使用"图层"菜单中的命令。选择"图层 > 新建 > 组"命令，弹出"新建组"对话框。单击"确定"按钮，建立图层组。

 提示
Photoshop CS6 在支持图层组的基础上增加了多级图层组的嵌套功能，以便用户在进行复杂设计时能够更好地管理图层。

在"图层"控制面板中，可以按照需要的层级关系新建图层组和图层，如图 7-70 所示。

图 7-68

图 7-69

图 7-70

 提示
可以将多个已建立的图层放入一个新的图层组中，操作方法很简单，只需将"图层"控制面板中的图层拖曳到新的图层组上，也可以将图层组中的图层拖曳到图层组外。

7.3.3 从图层新建组、锁定组内的所有图层

在编辑图像的过程中，可以对图层组中的图层进行链接和锁定。

"从图层新建组"命令用于将当前选择的图层组成一个图层组。

"锁定组内的所有图层"命令用于将图层组中的全部图层锁定。锁定后，图层将不能被编辑。

在"新建组"对话框中，"名称"选项用于设置图层组的名称，"颜色"选项用于选择图层组的显示颜色。

7.3.4 合并图层

在编辑图像的过程中，可以对图层进行合并。

"向下合并"命令用于向下合并一层图层。单击"图层"控制面板右上方的 ▤ 图标，在弹出的菜单中选择"向下合并"命令，或按 Ctrl+E 组合键。

"合并可见图层"命令用于合并所有可见图层。单击"图层"控制面板右上方的 ▤ 图标，在弹出

的菜单中选择"合并可见图层"命令，或按 Shift+Ctrl+E 组合键。

　　"拼合图像"命令用于合并所有的图层。单击"图层"控制面板右上方的 图标，在弹出的菜单中选择"拼合图像"命令，也可选择"图层 > 拼合图像"命令。

7.3.5　图层面板选项

　　"面板选项"命令用于设置"图层"控制面板中缩览图的大小。

　　"图层"控制面板中的原始效果如图 7-71 所示。单击右上方的 图标，在弹出的菜单中选择"面板选项"命令，弹出图 7-72 所示的"图层面板选项"对话框。在该对话框中选择需要的缩览图单选项，设置缩览图的大小。调整后的效果如图 7-73 所示。

图 7-71　　　　　　　　　　　　　图 7-72　　　　　　　　　　　　　图 7-73

7.3.6　图层复合

　　使用"图层复合"控制面板可将同一文件内的不同图层效果组合另存为多个"图层效果组合"，以更加方便、快捷地展示和比较不同图层组合设计的视觉效果。

　　设计好一个图像的效果，如图 7-74 所示，"图层"控制面板如图 7-75 所示。选择"窗口 > 图层复合"命令，弹出"图层复合"控制面板，如图 7-76 所示。

图 7-74　　　　　　　　　　　　　图 7-75　　　　　　　　　　　　　图 7-76

　　单击"图层复合"控制面板右上方的 图标，在弹出的菜单中选择"新建图层复合"命令，弹出"新建图层复合"对话框，如图 7-77 所示。在该对话框中，"名称"选项用于设置新图层复合的名称，单击"确定"按钮，建立"图层复合 1"，如图 7-78 所示。"图层复合 1"中存储的就是图像当前的效果。

图 7-77

图 7-78

对图像进行修饰和编辑，图像效果如图 7-79 所示，"图层"控制面板如图 7-80 所示。再选择"新建图层复合"命令，建立"图层复合 2"，如图 7-81 所示。"图层复合 2"中存储的就是修饰和编辑图像后的效果。

图 7-79

图 7-80

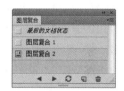

图 7-81

在"图层复合"控制面板中，分别单击"图层复合 1"和"图层复合 2"左侧的状态框，显示出作用按钮，可以对两次的图像编辑效果进行比较，如图 7-82 所示。

图 7-82

7.3.7　图层剪贴蒙版

图层剪贴蒙版用于将相邻的图层编辑成剪贴蒙版。在图层剪贴蒙版中，最下方的图层是基层，基层图像的透明区域将遮住上方各层的对应区域。制作剪贴蒙版后，图层之间的实线会变为虚线，基层图层的名称下有一条下划线。

打开一个图像文件。选择"自定形状"工具，在"形状"选项中选择需要的形状，在图像窗口中绘制出需要的图形，如图 7-83 所示，"图层"控制面板如图 7-84 所示。

图 7-83

图 7-84

按住 Alt 键的同时，将鼠标指针放置到"背景"和"形状 1"图层的中间位置，鼠标指针变为 ↓□
图标时，单击创建剪贴蒙版，如图 7-85 所示，图像效果如图 7-86 所示。

图 7-85

图 7-86

7.3.8　课堂案例——制作服装类 App 主页 Banner

【案例学习目标】学习使用图层蒙版和剪贴蒙版制作服装类 App 主页 Banner。

【案例知识要点】使用图层蒙版、"椭圆"工具和剪贴蒙版制作背景，使用"移动"工具添加宣
传文字，最终效果如图 7-87 所示。

【效果所在位置】Ch07\效果\制作服装类 App 主页 Banner.psd。

图 7-87

制作服装类 App
主页 Banner

（1）按 Ctrl+N 组合键，弹出"新建"对话框，设置宽度为 750 像素，高度为 200 像素，分辨率
为 72 像素/英寸，颜色模式为 RGB，背景内容为灰色（224、223、221），单击"确定"按钮，新建
一个文件。

（2）按 Ctrl+O 组合键，打开云盘中的"Ch07 > 素材 > 制作服装类 App 主页 Banner > 01"
文件。选择"移动"工具 ，将 01 图像拖曳到新建的图像窗口中适当的位置，效果如图 7-88 所示，
"图层"控制面板中会生成新图层并将其重命名为"人物"。

图 7-88

（3）单击"图层"控制面板下方的"添加图层蒙版"按钮 ，为图层添加蒙版。将前景色设置
为黑色。选择"画笔"工具 ，在属性栏中单击"画笔预设"选项右侧的·按钮，弹出画笔选择面板，
选择需要的画笔形状，将"大小"选项设置为 100 像素，如图 7-89 所示。拖曳鼠标，在图像窗口中
擦除不需要的图像，效果如图 7-90 所示。

（4）选择"椭圆"工具 ，将属性栏中的"选择工具模式"选项设置为"形状"，"填充"颜
色设置为白色，"描边"颜色设置为无。按住 Shift 键的同时，在图像窗口中适当的位置绘制出圆形，
如图 7-91 所示，"图层"控制面板中会生成新的形状图层"椭圆 1"。

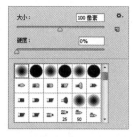

图 7-89

图 7-90

图 7-91

（5）按 Ctrl+O 组合键，打开云盘中的"Ch07 > 素材 > 制作服装类 App 主页 Banner > 02"文件。选择"移动"工具 ，将 02 图像拖曳到新建的图像窗口中适当的位置，并调整其大小，"图层"控制面板中会生成新的图层，将其重命名为"图 1"。按 Alt+Ctrl+G 组合键为图层创建剪贴蒙版，效果如图 7-92 所示。

（6）按住 Shift 键的同时，单击"椭圆 1"图层，将需要的图层同时选取。按 Ctrl+G 组合键，群组图层并将其重命名为"模特 1"，如图 7-93 所示。

图 7-92

图 7-93

（7）用步骤（4）~（6）的方法分别制作"模特 2"和"模特 3"图层组，图像效果如图 7-94 所示，"图层"控制面板如图 7-95 所示。

图 7-94

图 7-95

（8）按 Ctrl+O 组合键，打开云盘中的"Ch07 > 素材 > 制作服装类 App 主页 Banner > 05"文件。选择"移动"工具 ，将 05 图片拖曳到新建的图像窗口中适当的位置，效果如图 7-96 所示，"图层"控制面板中会生成新的图层，将其重命名为"文字"。服装类 App 主页 Banner 制作完成。

图 7-96

7.4 图层的蒙版

图层蒙版可以使图层中图像的某些部分被处理成透明或半透明的效果，而且可以恢复已经处理过的图像，这是 Photoshop CS6 的一种独特的处理图像方式。

7.4.1 建立图层蒙版

建立图层蒙版有以下两种方法。

● 使用"图层"控制面板中的按钮或快捷键。单击"图层"控制面板中的"添加图层蒙版"按钮■，可以创建一个图层蒙版。按住 Alt 键，单击"图层"控制面板中的"添加图层蒙版"按钮■，可以创建一个遮盖全部图层的蒙版。

● 使用"图层"菜单中的命令。选择"图层 > 图层蒙版 > 显示全部"命令，效果如图 7-97 所示。选择"图层 > 图层蒙版 > 隐藏全部"命令，效果如图 7-98 所示。

图 7-97

图 7-98

7.4.2 使用图层蒙版

打开两个图像文件，如图 7-99 和图 7-100 所示。选择"移动"工具▶+，将人物图像拖放到背景图像上，"图层"控制面板和图像效果如图 7-101 和图 7-102 所示。

图 7-99

图 7-100

图 7-101

图 7-102

将前景色设置为黑色。选择"画笔"工具✏，属性栏中的设置如图 7-103 所示。单击"图层"控制面板下方的"添加图层蒙版"按钮■，可以创建一个图层蒙版，如图 7-104 所示。在图层蒙版中按所需的效果进行绘制，人物的图像效果如图 7-105 所示。

图 7-103

图 7-104

图 7-105

"图层"控制面板中的图层蒙版如图 7-106 所示。打开"通道"控制面板，其中出现了图层的蒙版通道，如图 7-107 所示。

在"图层"控制面板中，图层图像与蒙版之间的⑧是关联图标。在图层图像与蒙版已关联的情况下，移动图像时蒙版会同步移动。单击关联图标⑧，将不显示该图标，此时可分别对图层图像与蒙版进行操作。

在"通道"控制面板中，双击"人物蒙版"通道，弹出"图层蒙版显示选项"对话框，如图 7-108 所示，可以对蒙版的颜色和不透明度进行设置。

图 7-106

图 7-107

图 7-108

选择"图层 > 图层蒙版 > 停用"命令，或在"图层"控制面板中按住 Shift 键单击图层蒙版，图层蒙版会被停用，图像将全部显示，效果如图 7-109 和图 7-110 所示。再次按住 Shift 键单击图层蒙版，将恢复图层蒙版的效果。

图 7-109

图 7-110

按住 Alt 键单击图层蒙版，图层图像就会消失，而只显示图层蒙版，效果如图 7-111 和图 7-112 所示。再次按住 Alt 键单击图层蒙版，将恢复图层图像的效果。按住 Alt+Shift 组合键单击图层蒙版，将同时显示图像和图层蒙版的内容。

图 7-111

图 7-112

选择"图层 > 图层蒙版 > 删除"命令，或在图层蒙版上单击鼠标右键，在弹出的快捷菜单中选择"删除图层蒙版"命令，都可以删除图层蒙版。

7.4.3 课堂案例——制作风景合成图片

【案例学习目标】学习使用图层蒙版制作图像效果。

【案例知识要点】使用"可选颜色"命令调整图片颜色，使用图层蒙版和"画笔"工具制作瓶中的效果，最终效果如图 7-113 所示。

制作风景合成图片

图 7-113

【效果所在位置】Ch07\效果\制作风景合成图片.psd。

（1）按 Ctrl+O 组合键，打开云盘中的"Ch07 > 素材 > 制作风景合成图片 > 01"文件，如图 7-114 所示。单击"图层"控制面板下方的"创建新的填充或调整图层"按钮 ，在弹出的菜单中选择"可选颜色"命令，"图层"控制面板中会生成"选取颜色 1"图层，同时在弹出的控制面板中进行设置，如图 7-115 所示，按 Enter 键确认操作，效果如图 7-116 所示。

图 7-114

图 7-115

图 7-116

（2）按 Ctrl+O 组合键，打开云盘中的"Ch07 > 素材 > 制作风景合成图片 > 01"文件。选择"磁性套索"工具 ，沿着酒瓶边缘绘制选区，如图 7-117 所示。选择"移动"工具 ，将选区中的图像拖曳到调色后的 01 图像窗口中，效果如图 7-118 所示，"图层"控制面板中会生成新的图层，将其重命名为"瓶子"。

图 7-117

图 7-118

（3）单击"图层"控制面板下方的"创建新的填充或调整图层"按钮 ，在弹出的菜单中选择"色相/饱和度"命令，"图层"控制面板中会生成"色相/饱和度 1"图层，同时弹出控制面板，单击面板下方的 按钮，其他选项的设置如图 7-119 所示，按 Enter 键确认操作，效果如图 7-120 所示。

图 7-119

图 7-120

（4）按 Ctrl+O 组合键，打开云盘中的"Ch07 > 素材 > 制作风景合成图片 > 02"文件。选择"移动"工具 ，将图片拖曳到图像窗口中适当的位置，效果如图 7-121 所示，"图层"控制面板中会生成新的图层，将其重命名为"图片"。

（5）单击"图层"控制面板下方的"添加图层蒙版"按钮 ，为"图片"图层添加蒙版。将前景色设置为黑色。选择"画笔"工具 ，在属性栏中单击"画笔预设"选项右侧的 按钮，在弹出的画笔选择面板中选择需要的画笔形状，其他选项的设置如图 7-122 所示。在图像窗口中擦除不需要的图像，效果如图 7-123 所示。风景合成图片制作完成。

图 7-121

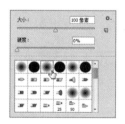

图 7-122

图 7-123

7.5 填充图层和调整图层

"新建填充图层"和"新建调整图层"命令用于为现有图层添加一系列的特殊效果。

7.5.1 新建填充图层

当需要新建填充图层时，可以选择"图层 > 新建填充图层"命令，或单击"图层"控制面板中的"创建新的填充和调整图层"按钮 ，弹出填充图层的 3 种方式，如图 7-124 所示。选择其中的一种方式将弹出"新建图层"对话框，这里以"渐变"为例，如图 7-125 所示。单击"确定"按钮，将弹出"渐变填充"对话框，如图 7-126 所示。单击"确定"按钮，"图层"控制面板和图像的效果如图 7-127 和图 7-128 所示。

图 7-124

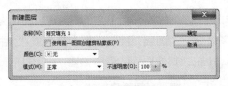

图 7-125

图 7-126

图 7-127

图 7-128

7.5.2 新建调整图层

当需要对一个或多个图层进行色彩调整时，可以新建调整图层。选择"图层 > 新建调整图层"命令，或单击"图层"控制面板中的"创建新的填充和调整图层"按钮 ，弹出调整图层色彩的多种方式，如图 7-129 所示。选择其中的一种方式将弹出"新建图层"对话框，这里以"色阶"为例，如图 7-130 所示。单击"确定"按钮，在弹出的控制面板中按照图 7-131 进行调整。按 Enter 键，"图层"控制面板和图像的效果如图 7-132 和图 7-133 所示。

图 7-129

图 7-130

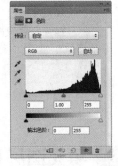

图 7-131

图 7-132

图 7-133

7.5.3 课堂案例——制作生活摄影公众号首页次图

【案例学习目标】学习使用调整图层制作需要的效果。

【案例知识要点】使用色彩平衡调整图层和"画笔"工具为衣服上色，最终效果如图 7-134 所示。

【效果所在位置】Ch07\效果\制作生活摄影公众号首页次图.psd。

（1）按 Ctrl+N 组合键，弹出"新建"对话框，设置宽度为 200 像素，高度为 200 像素，分辨率为 72 像素/英寸，颜色模式为 RGB，背景内容为白色，单击"确定"按钮，新建一个文件。

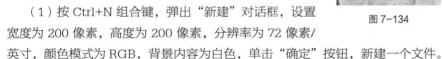

图 7-134

（2）按 Ctrl+O 组合键，打开云盘中的"Ch07 > 素材 > 制作生活摄影公众号首页次图 > 01"文件。选择"移动"工具 ，将 01 图像拖曳到新建的图像窗口中适当的位置，并调整其大小，效果如图 7-135 所示，"图层"控制面板中会生成新的图层，将其重命名为"人物"。

（3）单击"图层"控制面板下方的"创建新的填充或调整图层"按钮 ，在弹出的菜单中选择"色彩平衡"命令，"图层"控制面板中会生成"色彩平衡 1"图层，同时在弹出的控制面板中进行设置，如图 7-136 所示，按 Enter 键确认操作，图像效果如图 7-137 所示。

图 7-135

图 7-136

图 7-137

（4）将前景色设置为黑色。选择"画笔"工具 ，在属性栏中单击"画笔预设"选项右侧的 按钮，在弹出的画笔选择面板中选择需要的画笔形状，如图 7-138 所示。在人物衣服以外的区域进行涂抹，编辑状态如图 7-139 所示。按 [和] 键适当调整画笔的大小，涂抹人物脸部，图像效果如图 7-140 所示。生活摄影公众号首页次图制作完成。

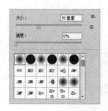

图 7-138　　　　　　　　图 7-139　　　　　　　　图 7-140

7.6　图层样式

"样式"控制面板可以用来快速地套用各种图层特效于要编辑的对象中，这样可以简化操作步骤、节省操作时间。

7.6.1　"样式"控制面板

打开一个图像，如图 7-141 所示。选择"窗口 > 样式"命令，弹出"样式"控制面板，如图 7-142 所示。在"样式"控制面板中选择要添加的样式，如图 7-143 所示。图像添加样式后的效果如图 7-144 所示。

图 7-141　　　　　　图 7-142　　　　　　图 7-143　　　　　　图 7-144

7.6.2　建立新样式

如果"样式"控制面板中没有需要的样式，那么可以自己建立新的样式。

选择"图层 > 图层样式 > 混合选项"命令，弹出"图层样式"对话框。在该对话框中设置需要的特效，如图 7-145 所示。单击"新建样式"按钮，弹出"新建样式"对话框，按需要进行设置，如图 7-146 所示。

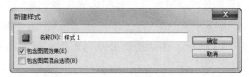

图 7-145　　　　　　　　　　　　　　　图 7-146

在"新建样式"对话框中，"包含图层效果"选项用于将特效添加到样式中，"包含图层混合选项"用于将图层混合选项添加到样式中。单击"确定"按钮，新样式会被添加到"样式"控制面板中，如图 7-147 所示。

图 7-147

7.6.3 载入样式

Photoshop CS6 提供了一些样式库，用户可以根据需要将其载入"样式"控制面板中。

单击"样式"控制面板右上方的 图标，在弹出的菜单中选择要载入的样式，如图 7-148 所示。选择任意一种样式后将弹出提示对话框，如图 7-149 所示。单击"追加"按钮，选择的样式即会被载入"样式"控制面板中，如图 7-150 所示。

图 7-148

图 7-149

图 7-150

7.6.4 还原"样式"控制面板

"复位样式"命令用于将"样式"控制面板还原为系统默认的状态。

单击"样式"控制面板右上方的 图标，在弹出的菜单中选择"复位样式"命令，如图 7-151 所示，弹出提示对话框，如图 7-152 所示。单击"确定"按钮，"样式"控制面板会被还原为系统默认的状态，如图 7-153 所示。

图 7-151

图 7-152

图 7-153

7.6.5 删除样式

"删除样式"命令用于删除"样式"控制面板中的样式。

将要删除的样式直接拖曳到"样式"控制面板下方的"删除样式"按钮 上，即可完成样式的删除。

7.6.6 清除样式

当对图像所应用的样式不满意时，可以对应用的样式进行清除。

选中要清除样式的图层，单击"样式"控制面板下方的"清除样式"按钮 ，即可将为图像添加的样式清除。

课后习题——制作家电网站首页 Banner

【习题知识要点】使用"移动"工具添加图片，使用图层混合模式和图层蒙版制作图片融合效果，最终效果如图 7-154 所示。

【效果所在位置】Ch07\效果\制作家电网站首页 Banner.psd。

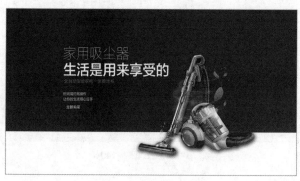

制作家电网站首页 Banner

图 7-154

第 8 章
文字的使用

本章介绍

Photoshop CS6 的文字输入和编辑功能与以前的版本相比有很大的改进和提高。本章将详细讲解文字的编辑方法和应用技巧。读者学习本章后应了解并掌握文字的功能及特点，并能在设计与制作任务中充分利用文字效果。

学习目标

- ✔ 熟练掌握文字水平和垂直输入的技巧。
- ✔ 了解文字的转换方法。
- ✔ 掌握文字的变形技巧。
- ✔ 掌握在路径上创建并编辑文字的方法。
- ✔ 熟练掌握"字符"与"段落"控制面板中的选项的设置方法。

技能目标

- ✔ 掌握"餐厅招牌面宣传单"的制作方法。
- ✔ 掌握"家装网站首页 Banner"的制作方法。

素养目标

- ✔ 培养扎实的文字功底。
- ✔ 加深对中华传统文化的热爱。

8.1　文字工具的使用

在 Photoshop CS6 中，文字工具包括"横排文字"工具、"直排文字"工具、"横排文字蒙版"工具和"直排文字蒙版"工具。应用文字工具可以实现对文字的输入和编辑。

8.1.1 文字工具的介绍

1. "横排文字"工具

启用"横排文字"工具 T 有以下两种方法。

● 单击工具箱中的"横排文字"工具 T 。

● 按 T 键。

启用"横排文字"工具 T ，其属性栏如图 8-1 所示。

图 8-1

在属性栏中，"更改文本方向"按钮 用于设置输入文字的方向；[黑体] 选项用于设置文字的字体及属性；[24点] 选项用于设置文字的大小； 选项用于消除文字的锯齿，包括无、锐利、犀利、浑厚和平滑 5 个选项； 选项用于设置文字的段落格式，包括左对齐、居中对齐和右对齐 3 种格式； 按钮用于设置文字的颜色；"创建文字变形"按钮 用于对文字进行变形操作；"切换字符和段落面板"按钮 用于隐藏或打开"段落"和"字符"控制面板；"取消所有当前编辑"按钮 用于取消对文字的操作；"提交所有当前编辑"按钮 用于确定对文字的操作。

2. "直排文字"工具

应用"直排文字"工具 可以在图像中建立垂直文本。"直排文字"工具 的属性栏和"横排文字"工具 的属性栏的功能基本相同。

3. "横排文字蒙版"工具

应用"横排文字蒙版"工具 可以在图像中建立水平文本的选区。"横排文字蒙版"工具 的属性栏和"横排文字"工具 的属性栏的功能基本相同。

4. "直排文字蒙版"工具

应用"直排文字蒙版"工具 可以在图像中建立垂直文本的选区。"直排文字蒙版"工具 的属性栏和"横排文字"工具 的属性栏的功能基本相同。

8.1.2 建立点文字图层

建立点文字图层就是以点的方式建立文字图层。

选择"横排文字"工具 T ，将鼠标指针移动到图像窗口中，鼠标指针变为 图标。在图像窗口中单击，此时会出现一个文字插入点，如图 8-2 所示。输入需要的文字，文字会显示在图像窗口中，效果如图 8-3 所示。在输入文字的同时，"图层"控制面板中将自动生成一个新的文字图层，如图 8-4 所示。

图 8-2

图 8-3

图 8-4

8.1.3　建立段落文字图层

建立段落文字图层就是以段落文本框的方式建立文字图层。下面将具体讲解建立段落文字图层的方法。

选择"横排文字"工具 T，将鼠标指针移动到图像窗口中，鼠标指针变为 I 图标。按住鼠标左键在图像窗口中拖曳出一个段落文本框，如图 8-5 所示。此时，插入点显示在文本框的左上角，输入文字即可。段落文本框具有自动换行的功能，如果输入的文字较多，当文字宽度大于文本框宽度时，文字就会自动换到下一行显示，如图 8-6 所示。如果输入的文字需要分出段落，可以按 Enter 键进行操作。另外，还可以对文本框进行旋转、拉伸等操作。

图 8-5　　　　　　　　　　　　　　　　　图 8-6

8.1.4　消除文字锯齿

"消除锯齿"命令用于消除文字边缘的锯齿，以得到比较光滑的文字效果。选择"消除锯齿"命令有以下两种方法。

- 应用菜单命令。选择"文字 > 消除锯齿"子菜单中的各个命令来消除文字锯齿，如图 8-7 所示。"无"命令表示不消除锯齿，此时，文字的边缘会出现锯齿；"锐利"命令用于对文字的边缘进行锐化处理；"犀利"命令用于使文字更加鲜明；"浑厚"命令用于使文字更加粗重；"平滑"命令用于使文字更加平滑。
- 应用"字符"控制面板。在"字符"控制面板的"设置消除锯齿的方法"下拉列表中选择消除文字锯齿的方法，如图 8-8 所示。

图 8-7　　　　　　　　　　　　　　　　　图 8-8

8.2　转换文字

在输入完文字后，可以根据设计与制作的需要对文字进行一系列的转换。

8.2.1　将文字转换为路径

在图像中输入文字，如图 8-9 所示。选择"文字 > 创建工作路径"命令，将文字转换为路径，如图 8-10 所示。

图 8-9　　　　　　　　　　　　　　　　　图 8-10

8.2.2　将文字转换为形状

在图像中输入文字，如图 8-11 所示。选择"文字 > 转换为形状"命令，将文字转换为路径，如图 8-12 所示。在"图层"控制面板中，文字图层会被形状图层所代替，如图 8-13 所示。

图 8-11　　　　　　　图 8-12　　　　　　　图 8-13

8.2.3　文字的横排与直排

在图像中输入横排文字，如图 8-14 所示。选择"文字 > 取向 > 垂直"命令，文字将从水平方向转换为垂直方向，如图 8-15 所示。

图 8-14　　　　　　　　　　　　　　　　　图 8-15

8.2.4　点文字图层与段落文字图层的转换

在图像中建立点文字图层，如图 8-16 所示。选择"文字 > 转换为段落文本"命令，点文字图层将转换为段落文字图层，如图 8-17 所示。

图 8-16　　　　　　　　　　　　　　　　　图 8-17

若要将建立的段落文字图层转换为点文字图层，则选择"文字 > 转换为点文本"命令即可。

8.3 文字变形效果

可以根据需要对输入完成的文字进行各种变形。打开一个图像，按 T 键，选择"横排文字"工具
，在属性栏中设置文字的属性，如图 8-18 所示，将鼠标指针移动到图像窗口中，鼠标指针将变成
图标。在图像窗口中单击，此时会出现一个文字插入点，输入需要的文字，文字将显示在图像窗口
中，"图层"控制面板中会生成新的文字图层，效果如图 8-19 所示。

图 8-18

图 8-19

单击属性栏中的"创建文字变形"按钮，弹出"变形文字"对话框，如图 8-20 所示，其中"样
式"选项的下拉列表中有 15 种文字的变形效果，如图 8-21 所示。

 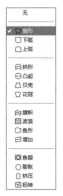

图 8-20　　　　　　　　　　图 8-21

文字的多种变形效果如图 8-22 所示。

扇形　　　　　　　　　　下弧　　　　　　　　　　上弧

图 8-22

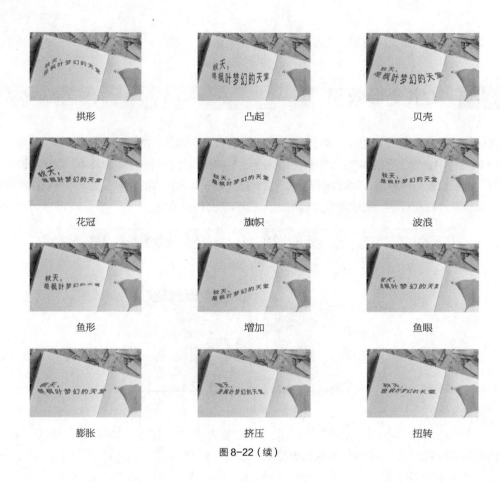

拱形	凸起	贝壳
花冠	旗帜	波浪
鱼形	增加	鱼眼
膨胀	挤压	扭转

图8-22（续）

8.4　沿路径排列文字

在Photoshop CS6中，可以把文字沿着路径放置，这样的文字还可以在Illustrator中直接编辑。

8.4.1　创建路径文字

打开一个图像，按P键，选择"钢笔"工具 ，在图像中绘制路径，如图8-23所示。

按T键，选择"横排文字"工具，在属性栏中设置文字的属性，如图8-24所示。鼠标指针停放在路径上时会变为 图标，单击路径会出现闪烁的插入点，此处为输入文字的起始点，如图8-25所示。输入的文字会按照路径的形状进行排列，效果如图8-26所示。

图8-23

图8-24

图 8-25　　　　　　　　　　　　　　　图 8-26

文字输入完成后，"路径"控制面板中会自动生成文字路径层，如图 8-27 所示。取消"视图 >
显示额外内容"命令的选中状态，可以隐藏文字路径，如图 8-28 所示。

图 8-27　　　　　　　　　　　　　　图 8-28

 提示　　"路径"控制面板中的文字路径层与"图层"控制面板中相应的文字图层是相链接的，删除文字图层时，文字路径层会被删除，删除其他工作路径不会对文字的排列产生影响。如果要修改文字的排列形状，就需要对文字路径进行修改。

8.4.2　课堂案例——制作餐厅招牌面宣传单

【案例学习目标】学习使用绘图工具和文字工具制作招牌面宣传单。

【案例知识要点】使用"移动"工具添加素材图片，使用"椭圆"工具、"横排文字"工具和"字符"控制面板制作路径文字，使用"横排文字"工具和"矩形"工具添加其他相关信息，最终效果如图 8-29 所示。

制作餐厅招牌面
宣传单

图 8-29

【效果所在位置】Ch08\效果\制作餐厅招牌面宣传单.psd。

（1）按 Ctrl+O 组合键，打开云盘中的"Ch08 > 素材 > 制作餐厅招牌面宣传单 > 01、02"文件。选择"移动"工具 ，将 02 图片拖曳到 01 图像窗口中适当的位置，效果如图 8-30 所示，"图层"控制面板中会生成新的图层并将其重命名为"面"。

（2）单击"图层"控制面板下方的"添加图层样式"按钮 fx ，在弹出的菜单中选择"投影"命令，在弹出的对话框中进行设置，如图 8-31 所示，单击"确定"按钮，效果如图 8-32 所示。

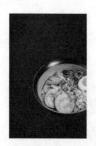
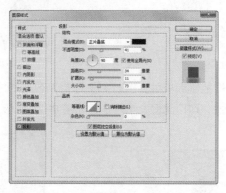

图 8-30　　　　　　　　　　　　　　图 8-31　　　　　　　　　　　　　　图 8-32

（3）选择"椭圆"工具 ，将属性栏中的"选择工具模式"选项设置为"路径"，在图像窗口中绘制一个椭圆形路径，效果如图 8-33 所示。

（4）选择"横排文字"工具 T ，在属性栏中选择合适的字体并设置文字大小，将"文本颜色"选项设置为白色。鼠标指针放置在路径上时会变为 图标，单击，路径上出现闪烁的光标，此处为输入文字的地方，输入需要的文字，效果如图 8-34 所示，"图层"控制面板会生成新的文字图层。

图 8-33　　　　　　　　　　　　　　　　　　图 8-34

（5）将输入的文字同时选取。按 Ctrl+T 组合键，弹出"字符"控制面板，各选项的设置如图 8-35 所示，按 Enter 键确认操作，效果如图 8-36 所示。

图 8-35　　　　　　　　　　　　　　　　　　图 8-36

（6）选取文字"筋半肉面"。在属性栏中设置文字大小，效果如图 8-37 所示。在文字"肉"的右侧单击插入插入点。"字符"控制面板中各选项的设置如图 8-38 所示，按 Enter 键确认操作，效果如图 8-39 所示。

图 8-37

图 8-38

图 8-39

（7）用相同的方法制作其他路径文字，效果如图 8-40 所示。按 Ctrl+O 组合键，打开云盘中的"Ch08 > 素材 > 制作餐厅招牌面宣传单 > 03"文件。选择"移动"工具 ，将图片拖曳到图像窗口中适当的位置，效果如图 8-41 所示，"图层"控制面板中会生成新的图层，将其重命名为"筷子"。

（8）选择"横排文字"工具 ，在适当的位置输入需要的文字并选取文字。在属性栏中选择合适的字体并设置文字大小，将"文本颜色"选项设置为浅棕色（209、192、165），效果如图 8-42 所示，"图层"控制面板中会生成新的文字图层。

图 8-40

图 8-41

图 8-42

（9）选择"横排文字"工具 ，在适当的位置分别输入需要的文字并选取文字。在属性栏中选择合适的字体并设置文字大小，将"文本颜色"选项设置为白色，效果如图 8-43 所示，"图层"控制面板中会分别生成新的文字图层。

（10）选取文字"订餐……**"，"字符"控制面板中各选项的设置如图 8-44 所示，按 Enter 键确认操作，效果如图 8-45 所示。

图 8-43

图 8-44

图 8-45

（11）选取数字"400-78**89**"，在属性栏中选择合适的字体并设置文字大小，效果如图 8-46 所示。选取符号"**"，"字符"控制面板中各选项的设置如图 8-47 所示，按 Enter 键确认操作，效果如图 8-48 所示。

图 8-46　　　　　　　　　　　图 8-47　　　　　　　　　　　图 8-48

（12）用相同的方法调整另一组符号的基线偏移，效果如图 8-49 所示。选择"横排文字"工具
T，在适当的位置输入需要的文字并选取文字。在属性栏中选择合适的字体并设置文字大小，将"文
本颜色"选项设置为浅棕色（209、192、165），效果如图 8-50 所示，"图层"控制面板中会生成
新的文字图层。

图 8-49　　　　　　　　　　　　　　　　　图 8-50

（13）"字符"控制面板中各选项的设置如图 8-51 所示，按 Enter 键确认操作，效果如图 8-52
所示。

图 8-51　　　　　　　　　　　　　　　　　图 8-52

（14）选择"矩形"工具，将属性栏中的"选择工具模式"选项设置为"形状"，"填充"颜
色设置为浅棕色（209、192、165），"描边"颜色设置为无，在图像窗口中绘制一个矩形，效果如
图 8-53 所示，"图层"控制面板中会生成新的形状图层"矩形 1"。

（15）选择"横排文字"工具，在适当的位置输入需要的文字并选取文字。在属性栏中选择合
适的字体并设置文字大小，将"文本颜色"选项设置为黑色，效果如图 8-54 所示，"图层"控制面
板中会生成新的文字图层。

图 8-53　　　　　　　　　　　　　　　　　图 8-54

（16）"字符"控制面板中各选项的设置如图 8-55 所示，按 Enter 键确认操作，效果如图 8-56 所示。餐厅招牌面宣传单制作完成，效果如图 8-57 所示。

图 8-55   图 8-56   图 8-57

8.5　字符与段落的设置

可以应用"字符"和"段落"控制面板对文字与段落进行编辑和调整。下面将具体讲解设置字符与段落的方法。

8.5.1　"字符"控制面板

Photoshop CS6 在处理文字方面较之前的版本有飞跃性的突破。其中，"字符"控制面板可以用来编辑文本字符。

选择"窗口 > 字符"命令，弹出"字符"控制面板，如图 8-58 所示。

"设置字体系列"选项 黑体 ▼ ：选中字符或文字图层，单击选项右侧的 ▼ 按钮，在弹出的菜单中可选择需要的字体。

"设置字体大小"选项 **T** 24点 ▼ ：选中字符或文字图层，在数值框中输入数值，或单击选项右侧的 ▼ 按钮，在弹出的菜单中可选择需要的字体大小。

图 8-58

"垂直缩放"选项 **IT** 100% ：选中字符或文字图层，在数值框中输入数值，可以调整字符的长度，效果如图 8-59 所示。

数值为 100% 时的效果   数值为 150% 时的效果   数值为 200% 时的效果

图 8-59

"设置所选字符的比例间距"选项 0% ▼ ：选中字符或文字图层，在数值框中输入百分比数值，可以对所选字符的比例间距进行细微的调整，效果如图 8-60 所示。

数值为 0%时的效果　　　　　　　　　　数值为 100%时的效果

图 8-60

"设置所选字符的字距调整"选项 VA 0 ▾：选中需要调整字距的文字段落或文字图层，在数值框中输入数值，或单击选项右侧的▾按钮，在弹出的菜单中选择需要的字距数值，可以调整文本段落的字距。输入正值时，字距加大；输入负值时，字距缩小，效果如图 8-61 所示。

数值为 0 时的效果　　　　　　数值为 200 时的效果　　　　　　数值为-100 时的效果

图 8-61

"设置基线偏移"选项 A⁺ 0点 ：选中字符，在数值框中输入数值，可以使字符上下移动。输入正值时，横排的字符上移，直排的字符右移；输入负值时，横排的字符下移，直排的字符左移，效果如图 8-62 所示。

选中字符　　　　　　　　　数值为 10 时的效果　　　　　　数值为-10 时的效果

图 8-62

"设定字符的形式"按钮 T T TT Tᵣ T¹ Tₗ T Ŧ：从左到右依次为"仿粗体"按钮 T、"仿斜体"按钮 T、"全部大写字母"按钮 TT、"小型大写字母"按钮 Tᵣ、"上标"按钮 T¹、"下标"按钮 Tₗ、"下划线"按钮 T 和"删除线"按钮 Ŧ。选中字符或文字图层，单击各个形式按钮，效果如图 8-63 所示。

"语言设置"选项 美国英语 ⬍：单击选项右侧的▾按钮，在弹出的菜单中可选择需要的语言字典。字典主要用于进行拼写检查和连字的设置。

"设置字体样式"选项 Regular ▾：选中字符或文字图层，单击选项右侧的▾按钮，在弹出的菜单中可选择需要的字体样式。

"设置行距"选项 ⬍ᴬ (自动) ▾：选中需要调整行距的文字段落或文字图层，在数值框中输入数值，或单击选项右侧的▾按钮，在弹出的菜单中选择需要的行距数值，可以调整文本段落的行距，效果如图 8-64 所示。

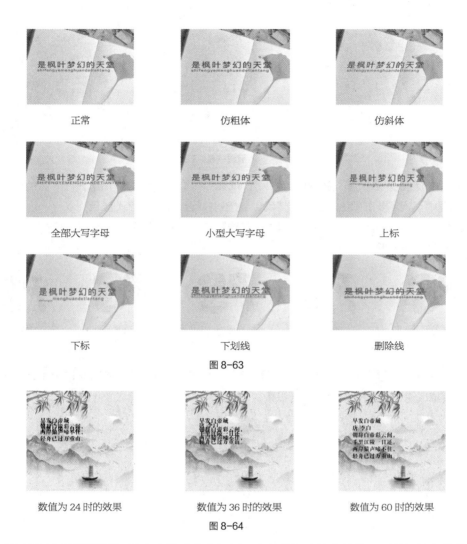

图 8-63

图 8-64

"水平缩放"选项 **I** 100% ：选中字符或文字图层，在数值框中输入数值，可以调整字符的宽度，效果如图 8-65 所示。

数值为 100%时的效果

数值为 120%时的效果

数值为 150%时的效果

图 8-65

"设置两个字符间的字距微调"选项 **VA** 0 ▼：使用文字工具在两个字符间单击，插入插入点，在数值框中输入数值，或单击选项右侧的 ▼ 按钮，在弹出的菜单中可选择需要的字距数值。输入正值时，字符的间距会加大；输入负值时，字符的间距会缩小，效果如图 8-66 所示。

数值为 0 时的效果 　　　　　 数值为 200 时的效果 　　　　　 数值为−200 时的效果

图 8-66

"设置文本颜色"选项 颜色：▉：选中字符或文字图层，在色块中单击，弹出"拾色器"对话框。在该对话框中设置需要的颜色后，单击"确定"按钮，可以改变文字的颜色。

"设置消除锯齿的方法"选项 ᵃa 平滑 ⌄ ：可以选择无、锐利、犀利、浑厚和平滑 5 种消除锯齿的方式，效果如图 8-67 所示。

PS 　　 PS 　　 PS 　　 PS 　　 PS

无　　　　　　 锐利　　　　　　 犀利　　　　　　 浑厚　　　　　　 平滑

图 8-67

此外，单击"字符"控制面板右上方的 ⋅≡ 图标，将弹出"字符"控制面板的菜单，如图 8-68 所示，其中的命令也可以用于对文字进行设置。

图 8-68

8.5.2　课堂案例——制作家装网站首页 Banner

【案例学习目标】学习使用文字工具和"字符"控制面板添加并编辑文字。

【案例知识要点】使用"矩形选框"工具和"椭圆选框"工具制作阴影效果，使用图层样式制作投影效果，使用"自然饱和度"命令和"照片滤镜"命令调整图像色调，使用"矩形"工具绘制边框，使用"横排文字"工具和"直排文字"工具输入需要的文字，最终效果如图 8-69 所示。

【效果所在位置】Ch08\效果\制作家装网站首页 Banner.psd。

制作家装网站首页
Banner

图 8-69

（1）按 Ctrl+N 组合键，弹出"新建"对话框，设置宽度为 1920 像素，高度为 800 像素，分辨率为 300 像素/英寸，颜色模式为 RGB，背景内容为白色，单击"确定"按钮，新建一个文件。

（2）按 Ctrl+O 组合键，打开云盘中的"Ch08 > 素材 > 制作家装网站首页 Banner > 01、02"文件。选择"移动"工具 ，将 01 和 02 图像分别拖曳到新建的图像窗口中适当的位置，效果如图 8-70 所示，"图层"控制面板中会分别生成新的图层，将它们重命名为"底图"和"沙发"，如图 8-71 所示。

图 8-70

图 8-71

（3）新建图层并将其命名为"阴影 1"。将前景色设置为黑色。选择"矩形选框"工具 ，在属性栏中将"羽化"选项设置为 20 像素，在图像窗口中绘制选区，如图 8-72 所示。按 Alt+Delete 组合键，用前景色填充选区，效果如图 8-73 所示。按 Ctrl+D 组合键，取消选区。

图 8-72

图 8-73

（4）将"阴影 1"图层拖曳到"沙发"图层的下方，效果如图 8-74 所示。使用相同的方法绘制另一个阴影，效果如图 8-75 所示。

图 8-74

图 8-75

（5）新建图层并将其命名为"阴影 3"。选择"椭圆选框"工具 ，在属性栏中选中"添加到选区"按钮 ，将"羽化"选项设置为 3 像素，在图像窗口中绘制多个选区，效果如图 8-76 所示。

图 8-76

（6）按 Alt+Delete 组合键，用前景色填充选区。按 Ctrl+D 组合键，取消选区。将"阴影 3"图层拖曳到"阴影 2"图层的下方，并将该图层的"不透明度"选项设置为 38%，如图 8-77 所示，按 Enter 键确认操作，效果如图 8-78 所示。

图 8-77

图 8-78

（7）按 Ctrl+O 组合键，打开云盘中的"Ch08 > 素材 > 制作家装网站首页 Banner > 03"文件。选择"移动"工具，将 03 图像拖曳到新建的图像窗口中适当的位置，效果如图 8-79 所示，"图层"控制面板中会生成新的图层，将其重命名为"小圆桌"。

（8）新建图层并将其命名为"阴影 4"。选择"椭圆选框"工具，在属性栏中将"羽化"选项设置为 2 像素，在图像窗口中绘制多个选区，如图 8-80 所示。按 Alt+Delete 组合键，用前景色填充选区。按 Ctrl+D 组合键，取消选区。将该图层的"不透明度"选项设置为 29%，按 Enter 键确认操作，效果如图 8-81 所示。将"阴影 4"图层拖曳到"小圆桌"图层的下方，效果如图 8-82 所示。

图 8-79

图 8-80

图 8-81

图 8-82

（9）使用相同的方法添加衣架并制作阴影，效果如图 8-83 所示。按 Ctrl+O 组合键，打开云盘中的"Ch08 > 素材 > 制作家装网站首页 Banner > 05"文件。选择"移动"工具，将 05 图像拖曳到新建的图像窗口中适当的位置，效果如图 8-84 所示，"图层"控制面板中会生成新的图层，将其重命名为"挂画"。

图 8-83

图 8-84

（10）单击"图层"控制面板下方的"添加图层样式"按钮 <u>_fx._</u>，在弹出的菜单中选择"投影"命令，弹出对话框，将投影颜色设置为黑色，其他选项的设置如图 8-85 所示。单击"确定"按钮，效果如图 8-86 所示。

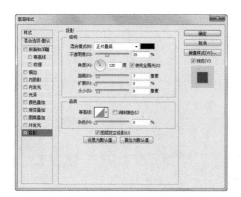

| 图 8-85 | 图 8-86 |

（11）单击"图层"控制面板下方的"创建新的填充或调整图层"按钮 <u>_◎_</u>，在弹出的菜单中选择"自然饱和度"命令，"图层"控制面板中会生成"自然饱和度 1"图层，同时在弹出的控制面板中进行设置，如图 8-87 所示，按 Enter 键确认操作，效果如图 8-88 所示。

| 图 8-87 | 图 8-88 |

（12）单击"图层"控制面板下方的"创建新的填充或调整图层"按钮 <u>_◎_</u>，在弹出的菜单中选择"照片滤镜"命令，"图层"控制面板中会生成"照片滤镜 1"图层，同时弹出控制面板，将"滤镜"选项设置为"青"，其他选项的设置如图 8-89 所示，按 Enter 键确认操作，效果如图 8-90 所示。

| 图 8-89 | 图 8-90 |

（13）选择"矩形"工具 <u>_■_</u>，在属性栏的"选择工具模式"选项中选择"形状"，将"填充"颜色设置为无，"描边"颜色设置为浅灰色（112、112、111），"描边宽度"选项设置为 2.5 像素，在图像窗口中绘制矩形，效果如图 8-91 所示，"图层"控制面板中会生成新的形状图层"矩形 1"。

将该图层的"不透明度"选项设置为 60%，如图 8-92 所示，按 Enter 键确认操作，效果如图 8-93 所示。

（14）选择"移动"工具，按住 Alt 键的同时，将矩形拖曳到适当的位置，复制矩形，"图层"控制面板中会生成新的形状图层"矩形 1 副本"。选择"矩形"工具，在属性栏中将"描边"颜色设置为深灰色（67、67、67），效果如图 8-94 所示。

图 8-91   图 8-92   图 8-93   图 8-94

（15）选择"横排文字"工具，在适当的位置输入需要的文字并选取文字。选择"窗口 > 字符"命令，弹出"字符"控制面板，将"颜色"选项设置为灰色（75、75、75），其他选项的设置如图 8-95 所示，按 Enter 键确认操作，效果如图 8-96 所示。再次在适当的位置输入需要的文字并选取文字，在"字符"控制面板中进行设置，如图 8-97 所示，按 Enter 键确认操作，效果如图 8-98 所示。

图 8-95   图 8-96   图 8-97   图 8-98

（16）选择"直排文字"工具，在适当的位置输入需要的文字并选取文字。在"字符"控制面板中，将"颜色"选项设置为灰色（75、75、75），其他选项的设置如图 8-99 所示，按 Enter 键确认操作，效果如图 8-100 所示。

（17）按 Ctrl+O 组合键，打开云盘中的"Ch08 > 素材 > 制作家装网站首页 Banner > 06"文件。选择"移动"工具，将 06 图像拖曳到新建的图像窗口中适当的位置，效果如图 8-101 所示，"图层"控制面板中会生成新的图层，将其重命名为"花瓶"。家装网站首页 Banner 制作完成。

图 8-99   图 8-100   图 8-101

8.5.3 "段落"控制面板

"段落"控制面板可以用来编辑段落文字。下面具体介绍"段落"控制面板的内容。

选择"窗口 > 段落"命令，弹出"段落"控制面板，如图 8-102 所示。

在"段落"控制面板中，▤▤▤选项用来调整段落文字的对齐方式，▤表示左对齐文字，▤表示居中对齐文字，▤表示右对齐文字；▤▤▤选项用来调整段落的对齐方式，▤表示最后一行左对齐，▤表示最后一行居中对齐，▤表示最后一行右对齐；▤选项用来设置整个段落中的行两端对齐，表示全部对齐。

另外，通过输入数值还可以调整段落文字的左缩进、右缩进、首行文字的缩进、段落前的间距和段落后的间距。

"避头尾法则设置"和"间距组合设置"选项可以用来设置段落的样式；"连字"复选框用来确定文字是否与连字符连接。

"左缩进"选项▸▤：用来设置段落左端的缩进量。

"右缩进"选项▤◂：用来设置段落右端的缩进量。

"首行缩进"选项▸▤：用来设置段落第一行的左端缩进量。

"段前添加空格"选项▿▤：用来设置当前段落与前一个段落的距离。

"段后添加空格"选项▵▤：用来设置当前段落与后一个段落的距离。

此外，单击"段落"控制面板右上方的▾▤图标，还可以弹出"段落"控制面板的菜单，如图 8-103 所示。

图 8-102

图 8-103

"罗马式溢出标点"命令：用于设置罗马悬挂标点。

"顶到顶行距"命令：用于设置段落行距为两行文字顶部之间的距离。

"底到底行距"命令：用于设置段落行距为两行文字底部之间的距离。

"对齐"命令：用于调整段落中文字的对齐方式。

"连字符连接"命令：用于设置连字符。

"单行书写器"命令：用于打开单行编辑器。

"多行书写器"命令：用于打开多行编辑器。

"复位段落"命令：用于恢复"段落"控制面板的默认状态。

课后习题——制作服饰类 App 主页 Banner

【习题知识要点】使用"横排文字"工具输入文字，使用栅格化文字命令将文字转换为图像，使用"变换"命令制作文字特效，使用图层样式添加文字描边，使用"钢笔"工具绘制高光，使用"多边形套索"工具绘制装饰图形，最终效果如图 8-104 所示。

【效果所在位置】Ch08\效果\制作服饰类 App 主页 Banner.psd。

图 8-104

制作服饰类 App
主页 Banner

第9章
图形与路径

本章介绍

Photoshop CS6 的绘图功能非常强大。本章将详细讲解 Photoshop CS6 的绘图功能和应用技巧。读者学习本章后应能够根据设计与制作任务的需要绘制出精美的图形，并能为绘制的图形添加丰富的视觉效果。

学习目标

✔ 熟练掌握绘图工具的使用方法。
✔ 掌握路径的绘制和选取方法。
✔ 掌握路径的添加、删除和转换方法。
✔ 了解创建 3D 模型和使用 3D 工具的方法。

技能目标

✔ 掌握"箱包类促销广告 Banner"的制作方法。
✔ 掌握"音乐节装饰画"的制作方法。

素养目标

✔ 培养细致、严谨的工作作风。
✔ 加深对中华传统文化的热爱。

9.1 绘制图形

Photoshop CS6 中的绘图工具不仅可用于绘制标准的几何图形，而且可用于绘制自定义的的图形，提高工作效率。

9.1.1 "矩形"工具的使用

"矩形"工具▣可以用来绘制矩形或正方形。启用"矩形"工具▣有以下两种方法。

- 单击工具箱中的"矩形"工具 ▣。
- 反复按 Shift+U 组合键。

启用"矩形"工具 ▣，其属性栏如图 9-1 所示。

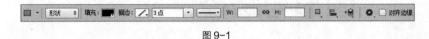

图 9-1

"选择工具模式"选项 形状 ⬦：用于选择创建路径形状、工作路径或填充区域。

填充：▇ 描边：／ 3点 ▾ ▬▬ 选项：用于设置矩形的填充颜色、描边颜色、描边宽度和描边类型。

W: ⬚ ∞ H: ⬚ ：用于设置矩形的宽度和高度。

▣ ▣ ✢ 按钮：用于设置路径的组合方式、对齐方式和排列方式。

⚙ 按钮：用于设置其他形状和路径选项。

"对齐边缘"选项：用于设置边缘是否对齐。

打开一个图像，如图 9-2 所示。在图像中绘制矩形，效果如图 9-3 所示，"图层"控制面板如图 9-4 所示。

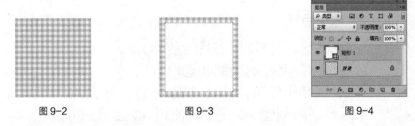

图 9-2　　　　　　　图 9-3　　　　　　　图 9-4

9.1.2 "圆角矩形"工具的使用

"圆角矩形"工具 ▣ 可以用来绘制具有平滑边缘的矩形。启用"圆角矩形"工具 ▣ 有以下两种方法。

- 单击工具箱中的"圆角矩形"工具 ▣。
- 反复按 Shift+U 组合键。

启用"圆角矩形"工具 ▣，其属性栏如图 9-5 所示。其属性栏中的选项与"矩形"工具 ▣ 的属性栏中的选项类似，只增加了"半径"选项，用于设置圆角矩形的平滑程度，半径数值越大，圆角矩形越平滑。

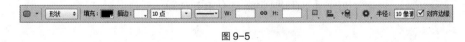

图 9-5

打开一个图像，如图 9-6 所示。将"半径"选项设置为 40 像素，在图像中绘制圆角矩形，效果如图 9-7 所示，"图层"控制面板如图 9-8 所示。

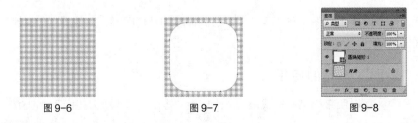

图 9-6　　　　　　　图 9-7　　　　　　　图 9-8

9.1.3 "椭圆"工具的使用

"椭圆"工具  可以用来绘制椭圆或圆形。启用"椭圆"工具 有以下两种方法。

● 单击工具箱中的"椭圆"工具 。

● 反复按 Shift+U 组合键。

启用"椭圆"工具 ，其属性栏如图 9-9 所示。其属性栏中的选项与"矩形"工具 的属性栏中的选项类似。

图 9-9

打开一个图像，如图 9-10 所示。在图像上绘制椭圆，效果如图 9-11 所示，"图层"控制面板如图 9-12 所示。

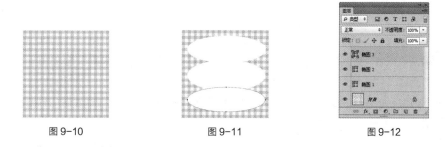

图 9-10　　　　　图 9-11　　　　　图 9-12

9.1.4 "多边形"工具的使用

"多边形"工具 可以用来绘制多边形或正多边形。启用"多边形"工具 有以下两种方法。

● 单击工具箱中的"多边形"工具 。

● 反复按 Shift+U 组合键。

启用"多边形"工具 ，其属性栏如图 9-13 所示。其属性栏中的选项与"矩形"工具 的属性栏中的选项类似，只增加了"边"选项，用于设置多边形的边数。

图 9-13

打开一个图像，如图 9-14 所示。单击属性栏中的 按钮，在弹出的面板中进行设置，如图 9-15 所示。在图像中绘制多边形，效果如图 9-16 所示，"图层"控制面板如图 9-17 所示。

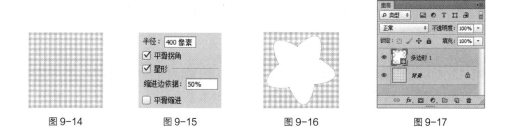

图 9-14　　　　　图 9-15　　　　　图 9-16　　　　　图 9-17

9.1.5 "直线"工具的使用

"直线"工具可以用来绘制直线段或带有箭头的线段。启用"直线"工具有以下两种方法。

● 单击工具箱中的"直线"工具。

● 反复按 Shift+U 组合键。

启用"直线"工具，其属性栏如图 9-18 所示。其属性栏中的选项与"矩形"工具的属性栏中的选项类似，只增加了"粗细"选项，用于设置直线段的宽度。

单击属性栏中的 按钮，弹出"箭头"面板，如图 9-19 所示。

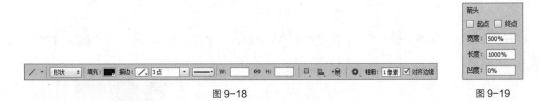

图 9-18

图 9-19

在"箭头"面板中，"起点"选项用于设置箭头位于线段的始端，"终点"选项用于设置箭头位于线段的末端，"宽度"选项用于设置箭头宽度和线段宽度的比值，"长度"选项用于设置箭头长度和线段长度的比值，"凹度"选项用于设置箭头凹凸的形状。

打开一个图像，如图 9-20 所示。在图像中绘制不同效果的直线段，如图 9-21 所示。"图层"控制面板如图 9-22 所示。

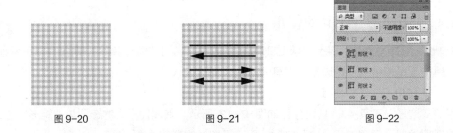

图 9-20   图 9-21   图 9-22

技巧

按住 Shift 键，应用"直线"工具绘制图形时，可以绘制水平或垂直的直线段。

9.1.6 "自定形状"工具的使用

"自定形状"工具可以用来绘制一些自定义的图形。启用"自定形状"工具有以下两种方法。

● 单击工具箱中的"自定形状"工具。

● 反复按 Shift+U 组合键。

启用"自定形状"工具，其属性栏如图 9-23 所示。其属性栏中的选项与"矩形"工具的属性栏中的选项类似，只增加了"形状"选项，用于选择所需的形状。

单击"形状"选项右侧的 按钮，弹出图 9-24 所示的形状面板，其中存储了可供选择的各种不规则形状。

图 9-23   图 9-24

打开一个图像，如图 9-25 所示。在图像中绘制形状，效果如图 9-26 所示，"图层"控制面板如图 9-27 所示。

图 9-25   图 9-26   图 9-27

可以应用"定义自定形状"命令来制作并定义形状。使用"自定形状"工具 在图像窗口中绘制形状，效果如图 9-28 所示。选择"编辑 > 定义自定形状"命令，弹出"形状名称"对话框，在"名称"文本框中输入自定形状的名称，如图 9-29 所示。单击"确定"按钮，"形状"面板中将会显示刚才定义的形状，如图 9-30 所示。

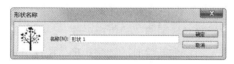

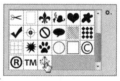

图 9-28   图 9-29   图 9-30

9.1.7 课堂案例——制作箱包类促销广告 Banner

【案例学习目标】学习使用不同的绘图工具绘制各种图形，并使用移动和复制操作调整图形。

【案例知识要点】使用"圆角矩形"工具绘制箱体，使用"矩形"工具和"椭圆"工具绘制拉杆和滑轮，使用"多边形"工具和"自定形状"工具绘制装饰图形，使用"路径选择"工具选取和复制图形，使用"直接选择"工具调整锚点，最终效果如图 9-31 所示。

【效果所在位置】Ch09\效果\制作箱包类促销广告 Banner.psd。

图 9-31

制作箱包类
促销广告 Banner

（1）按Ctrl+N组合键，弹出"新建"对话框，设置宽度为900像素，高度为383像素，分辨率为72像素/英寸，颜色模式为RGB，背景内容为白色，单击"确定"按钮，新建一个文件。

（2）按Ctrl+O组合键，打开云盘中的"Ch09 > 素材 >制作箱包类促销广告Banner > 01、02"文件。选择"移动"工具 ⊹，将01和02图像分别拖曳到新建的图像窗口中的适当位置，如图9-32所示，"图层"控制面板中会分别生成新的图层，将它们重命名为"底图"和"文字"。

（3）选择"圆角矩形"工具 ▣，将属性栏中的"选择工具模式"选项设置为"形状"，"填充"颜色设置为橙黄色（246、212、53），"半径"选项设置为20像素，在图像窗口中绘制一个圆角矩形，效果如图9-33所示，"图层"控制面板中会生成新的形状图层"圆角矩形1"。

图9-32   图9-33

（4）选择"圆角矩形"工具 ▣，在属性栏中将"半径"选项设置为6像素，在图像窗口中绘制一个圆角矩形。在属性栏中将"填充"颜色设置为灰色（122、120、133），图像效果如图9-34所示，"图层"控制面板中会生成新的形状图层"圆角矩形2"。

（5）选择"路径选择"工具 ▸，选取新绘制的圆角矩形。按住Alt+Shift组合键的同时，水平向右拖曳圆角矩形到适当的位置，复制圆角矩形，效果如图9-35所示。选择圆角矩形，按Alt+Ctrl+G组合键创建剪贴蒙版，图像效果如图9-36所示。

（6）选择"圆角矩形"工具 ▣，在属性栏中将"半径"选项设置为10像素，在图像窗口中绘制一个圆角矩形。在属性栏中将"填充"颜色设置为暗黄色（229、191、44），图像效果如图9-37所示，"图层"控制面板中会生成新的形状图层"圆角矩形3"。

（7）选择"路径选择"工具 ▸，选取新绘制的圆角矩形。按住Alt+Shift组合键的同时，水平向右拖曳圆角矩形到适当的位置，复制圆角矩形。使用相同的方法再次复制两个圆角矩形，图像效果如图9-38所示。

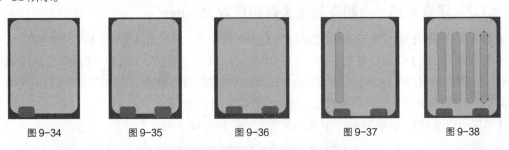

图9-34   图9-35   图9-36   图9-37   图9-38

（8）选择"矩形"工具 ▣，在图像窗口中绘制一个矩形。在属性栏中将"填充"颜色设置为灰色（122、120、133），图像效果如图9-39所示，"图层"控制面板中会生成新的形状图层"矩形1"。

（9）选择"直接选择"工具 ▸，选取左上角的锚点，如图9-40所示，按住Shift键的同时，水平向右拖曳锚点到适当的位置，图像效果如图9-41所示。用相同的方法调整右上角的锚点，图像效果如图9-42所示。

图9-39

（10）选择"矩形"工具▣，在图像窗口中绘制一个矩形。在属性栏中将"填充"颜色设置为浅灰色（217、218、222），图像效果如图 9-43 所示，"图层"控制面板中会生成新的形状图层"矩形 2"。

图 9-40　　　　　　图 9-41　　　　　　图 9-42　　　　　　图 9-43

（11）选择"路径选择"工具▶，选取新绘制的矩形。按住 Alt+Shift 组合键的同时，水平向右拖曳矩形到适当的位置，复制矩形，效果如图 9-44 所示。

（12）选择"矩形"工具▣，在图像窗口中绘制一个矩形。在属性栏中将"填充"颜色设置为暗灰色（85、84、88），效果如图 9-45 所示，"图层"控制面板中会生成新的形状图层"矩形 3"。

（13）在图像窗口中再次绘制矩形，效果如图 9-46 所示，"图层"控制面板中会生成新的形状图层"矩形 4"。选择"路径选择"工具▶，选取新绘制的矩形。按住 Alt+Shift 组合键的同时，水平向右拖曳矩形到适当的位置，复制矩形，效果如图 9-47 所示。

图 9-44　　　　　　图 9-45　　　　　　图 9-46　　　　　　图 9-47

（14）选择"矩形"工具▣，在图像窗口中绘制一个矩形，图像效果如图 9-48 所示，"图层"控制面板中会生成新的形状图层"矩形 5"。选择"路径选择"工具▶，选取新绘制的矩形。按住 Alt+Shift 组合键的同时，水平向右拖曳矩形到适当的位置，复制矩形，效果如图 9-49 所示。

（15）选择"椭圆"工具●，按住 Shift 键的同时，在图像窗口中绘制一个圆形。在属性栏中将"填充"颜色设置为深灰色（61、63、70），"图层"控制面板中会生成新的形状图层"椭圆 1"。选择"路径选择"工具▶，选取新绘制的圆形。按住 Alt+Shift 组合键的同时，水平向右拖曳圆形到适当的位置，复制圆形，图像效果如图 9-50 所示。

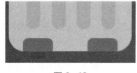

图 9-48　　　　　　　　图 9-49　　　　　　　　图 9-50

（16）选择"多边形"工具●，在属性栏中将"边"选项设置为 6，按住 Shift 键的同时，在图像窗口中绘制一个多边形。在属性栏中将"填充"颜色设置为橘红色（227、93、62），图像效果如图 9-51 所示，"图层"控制面板中会生成新的形状图层"多边形 1"。

（17）选择"路径选择"工具，选取新绘制的多边形。按住 Alt+Shift 组合键的同时，水平向左拖曳多边形到适当的位置，复制多边形，效果如图 9-52 所示。

图 9-51   图 9-52

（18）选择"自定形状"工具，将属性栏中的"选择工具模式"选项设置为"形状"，单击"形状"选项右侧的 按钮，弹出"形状"面板。选择需要的形状，如图 9-53 所示，在图像窗口中绘制一个形状。在属性栏中将"填充"颜色设置为红色（227、93、62），图像效果如图 9-54 所示，"图层"控制面板中会生成新的形状图层"形状 1"。

（19）选择"椭圆"工具，按住 Shift 键的同时，在图像窗口中绘制一个圆形。在属性栏中将"填充"颜色设置为橙黄色（246、212、53），填充圆形，效果如图 9-55 所示，"图层"控制面板中会生成新的形状图层"椭圆 2"。

图 9-53   图 9-54   图 9-55

（20）选择"直线"工具，在属性栏中将"粗细"选项设置为 4 像素，按住 Shift 键的同时，在图像窗口中绘制一条直线段。在属性栏中将"填充"颜色设置为咖啡色（182、167、145），效果如图 9-56 所示，"图层"控制面板中会生成新的形状图层"形状 2"。

（21）使用相同的方法再次绘制一条直线段，效果如图 9-57 所示。箱包类促销广告 Banner 制作完成，效果如图 9-58 所示。

     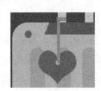   

图 9-56   图 9-57   图 9-58

9.2　绘制和编辑路径

路径对于 Photoshop CS6 高手来说确实是一个非常得力的"助手"。使用路径可以进行复杂图像的选取，也可以存储选取的区域以备再次使用，还可以绘制线条平滑的优美图形。

9.2.1　了解路径的含义

路径及路径的有关概念如图 9-59 所示。

锚点：由"钢笔"工具 ✐ 创建，是一个路径中两条线段的交点。路径是由锚点组成的。

图 9-59

直线锚点：按住 Alt 键，单击建立的锚点，可以将锚点转换为带有一个独立调节手柄的直线锚点。直线锚点是一条直线段与一条曲线段的连接点。

曲线锚点：曲线锚点是带有两个独立调节手柄的锚点，是两条曲线段之间的连接点。调整调节手柄可以改变曲线段的弧度。

直线段：用"钢笔"工具 ✐ 在图像中单击两个不同的位置，将在两点之间创建一条直线段。

曲线段：拖曳曲线锚点可以创建一条曲线段。

端点：路径的结束点就是路径的端点。

9.2.2 "钢笔"工具的使用

"钢笔"工具 ✐ 用于在 Photoshop CS6 中绘制路径。下面将具体讲解"钢笔"工具 ✐ 的使用方法和操作技巧。

启用"钢笔"工具 ✐ 有以下两种方法。

● 单击工具箱中的"钢笔"工具 ✐。

● 反复按 Shift+P 组合键。

下面介绍与"钢笔"工具 ✐ 配合使用的功能键。

按住 Shift 键，创建锚点时，会强迫系统以 45 度角或 45 度倍数的角绘制路径。

按住 Alt 键，当将鼠标指针移到锚点上时，"钢笔"工具 ✐ 会暂时转换成"转换点"工具 ⬈。

按住 Ctrl 键，"钢笔"工具 ✐ 会暂时转换成"直接选择"工具 ⬉。

绘制直线段：建立一个新的图像文件，选择"钢笔"工具 ✐，在属性栏中设置"选择工具模式"选项为"路径"，这样使用"钢笔"工具 ✐ 绘制的将是路径。如果选择"形状"，将绘制出形状。"钢笔"工具 ✐ 的属性栏如图 9-60 所示。

图 9-60

在图像中的任意位置单击，将创建出第 1 个锚点。将鼠标指针移动到其他位置并单击，则创建第 2 个锚点。两个锚点会自动以直线连接，效果如图 9-61 所示。再将鼠标指针移动到其他位置并单击，会出现第 3 个锚点，系统将在第 2 个和第 3 个锚点之间生成一条新的直线路径，效果如图 9-62 所示。

将鼠标指针移至第 2 个锚点上，会发现鼠标指针现在由 ✐ 图标转换成了 ✐ 图标，效果如图 9-63 所示。在第 2 个锚点上单击，即可将第 2 个锚点删除。

图 9-61　　　　　　　　图 9-62　　　　　　　　图 9-63

绘制曲线段：选择"钢笔"工具 ，单击建立新的锚点并按住鼠标左键，拖曳鼠标，建立曲线段和曲线锚点，效果如图9-64所示。松开鼠标左键，按住 Alt 键，单击刚建立的曲线锚点，将其转换为直线锚点。在其他位置再次单击建立下一个新的锚点，可在曲线段后绘制出直线段，效果如图9-65所示。

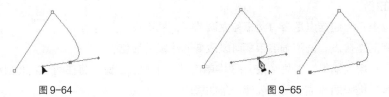

图9-64 图9-65

9.2.3 "自由钢笔"工具的使用

"自由钢笔"工具 用于在 Photoshop CS6 中绘制不规则路径。下面将具体讲解"自由钢笔"工具 的使用方法和操作技巧。

启用"自由钢笔"工具 有以下两种方法。

● 单击工具箱中的"自由钢笔"工具 。

● 反复按 Shift+P 组合键。

在 Photoshop CS6 中打开一个图像，如图9-66所示。启用"自由钢笔"工具 ，对属性栏中的选项进行设置，勾选"磁性的"复选框，如图9-67所示。

图9-66 图9-67

在图像的左上方单击确定最初的锚点，然后沿图像小心地拖曳鼠标并单击，确定其他的锚点，如图9-68所示。可以看到误差比较大，但只需要使用其他几个路径工具对路径进行修改和调整，就可以补救过来，最后的效果如图9-69所示。

图9-68 图9-69

9.2.4 "添加锚点"工具的使用

"添加锚点"工具 用于在路径上添加新的锚点。选择"钢笔"工具 ，将鼠标指针移动到建立好的路径上，若当前该处没有锚点，则鼠标指针会变成 图标，在路径上单击可以添加一个锚点，效果如图 9-70 所示。

选择"钢笔"工具 ✐，将鼠标指针移动到建立好的路径上，若当前该处没有锚点，则鼠标指针会变成 ✎. 图标，按住鼠标左键向上拖曳鼠标，可以建立曲线段和曲线锚点，效果如图 9-71 所示。

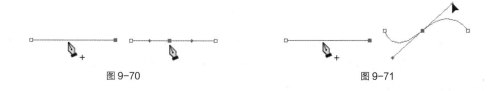

图 9-70　　　　　　　　　　　　　　图 9-71

提示

也可以选择工具箱中的"添加锚点"工具 ✐ 来完成锚点的添加。

9.2.5　"删除锚点"工具的使用

"删除锚点"工具 ✎ 用于删除路径上已经存在的锚点。下面将具体讲解"删除锚点"工具 ✎ 的使用方法和操作技巧。

选择"钢笔"工具 ✐，将鼠标指针放到路径的锚点上，则鼠标指针会转换成 ✎ 图标，单击锚点将其删除，效果如图 9-72 所示。

选择"钢笔"工具 ✐，将鼠标指针放到曲线路径的锚点上，则鼠标指针会转换成 ✎ 图标，单击锚点将其删除，效果如图 9-73 所示。

图 9-72　　　　　　　　　　　　图 9-73

9.2.6　"转换点"工具的使用

选择"转换点"工具 ⌐，单击或拖曳锚点可将其转换成直线锚点或曲线锚点，拖曳锚点上的调节手柄可以改变线段的弧度。

下面介绍与"转换点"工具 ⌐ 配合使用的功能键。

按住 Shift 键，拖曳其中一个锚点，会强迫调节手柄以 45 度角或 45 度倍数的角进行改变。

按住 Alt 键，拖曳调节手柄，可以任意改变两个调节手柄中的一个，而不影响另一个调节手柄的位置。

按住 Alt 键，拖曳路径中的线段，会先复制已经存在的路径，再把复制后的路径拖曳到预定的位置。

下面将运用路径工具创建一个扑克牌中的红桃图形。

建立一个新文件，选择"钢笔"工具 ✐，在页面中单击绘制出需要的图形路径，当要闭合路径时鼠标指针会变为 ✎ 图标，单击即可闭合路径。此时的图形如图 9-74 所示。

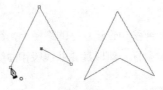

图 9-74

选择"转换点"工具![icon]，单击右下角的锚点并将其向左上方拖曳，形成曲线路径，效果如图 9-75 所示。使用同样的方法将左下角的锚点变为曲线锚点，路径的效果如图 9-76 所示。

创建的红桃图形如图 9-77 所示。

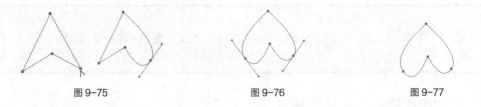

| 图 9-75 | 图 9-76 | 图 9-77 |

9.2.7 "路径选择"工具的使用

"路径选择"工具![icon]用于选择一个或几个路径并对其进行移动、组合、对齐、分布和变形。启用"路径选择"工具![icon]有以下两种方法。

● 单击工具箱中的"路径选择"工具![icon]。

● 反复按 Shift+A 组合键。

启用"路径选择"工具![icon]，其属性栏如图 9-78 所示。

图 9-78

9.2.8 "直接选择"工具的使用

"直接选择"工具![icon]可以用于移动路径中的锚点或线段，还可以用于调整调节手柄。启用"直接选择"工具![icon]有以下两种方法。

● 单击工具箱中的"直接选择"工具![icon]。

● 反复按 Shift+A 组合键。

启用"直接选择"工具![icon]，拖曳路径中的锚点来改变路径的弧度，如图 9-79 所示。

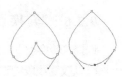

图 9-79

9.3 "路径"控制面板

"路径"控制面板用于对路径进行编辑和管理。下面将具体讲解"路径"控制面板的使用方法和操作技巧。

9.3.1 认识"路径"控制面板

在新文件中绘制一条路径，选择"窗口 > 路径"命令，弹出"路径"控制面板，如图 9-80 所示。

图 9-80

1. 系统按钮

"路径"控制面板的上方有两个系统按钮，分别是"显示/隐藏"按钮和"关闭"按钮。单击"显示/隐藏"按钮可以显示或隐藏"路径"控制面板，单击"关闭"按钮可以关闭"路径"控制面板。

2. 路径放置区

路径放置区用于放置所有路径。

3. "路径"控制面板的菜单

单击"路径"控制面板右上方的图标，弹出菜单，如图 9-81 所示。

4. 工具按钮

"路径"控制面板的底部有 7 个工具按钮，如图 9-82 所示。

图 9-81

图 9-82

这 7 个工具按钮从左到右依次为"用前景色填充路径"按钮、"用画笔描边路径"按钮、"将路径作为选区载入"按钮、"从选区生成工作路径"按钮、"添加蒙版"按钮、"创建新路径"按钮和"删除当前路径"按钮。

- "用前景色填充路径"按钮。单击此工具按钮，会对当前选中的路径进行填充，填充的对象包括当前路径的所有子路径以及不连续的路径；如果选定了路径中的一部分，"路径"控制面板的菜单中的"填充路径"命令将变为"填充子路径"命令；如果被填充的路径为开放路径，Photoshop CS6 将自动以直线段连接两个端点然后进行填充；如果只有一条开放的路径，则不能进行填充。

- "用画笔描边路径"按钮。单击此按钮，系统将使用当前的颜色和当前在"描边路径"对话框中设置的工具对路径进行描边。

- "将路径作为选区载入"按钮。该按钮用于把当前路径所圈选的范围转换成为选区。单击此工具按钮，即可进行转换。按住 Alt 键，单击此工具按钮，或选择弹出的菜单中的"建立选区"命令，系统会弹出"建立选区"对话框。

- "从选区生成工作路径"按钮。该按钮用于把当前选区转换成路径。单击此工具按钮，即可进行转换。按住 Alt 键，单击此工具按钮，或选择弹出的菜单中的"建立工作路径"命令，系统会弹出"建立工作路径"对话框。

- "添加蒙版"按钮 。该按钮用于为当前图层添加蒙版。
- "创建新路径"按钮 。该按钮用于创建一个新的路径。单击此工具按钮，可以创建一个新的路径。按住 Alt 键，单击此工具按钮，或选择弹出的菜单中的"新建路径"命令，系统会弹出"新建路径"对话框。
- "删除当前路径"按钮 。该按钮用于删除当前路径。直接拖曳"路径"控制面板中的路径到此工具按钮上，便可将整个路径全部删除。此工具按钮与弹出的菜单中的"删除路径"命令的作用相同。

9.3.2 新建路径

在操作的过程中，可以根据需要建立新的路径。新建路径有以下两种方法。

- 使用"路径"控制面板的菜单。单击"路径"控制面板右上方的 图标，弹出菜单。在弹出的菜单中选择"新建路径"命令，弹出"新建路径"对话框，如图 9-83 所示。"名称"选项用于设置新路径的名称，单击"确定"按钮，"路径"控制面板如图 9-84 所示。

图 9-83

图 9-84

- 使用"路径"控制面板中的按钮。单击"路径"控制面板中的"创建新路径"按钮 ，可创建一个新路径。按住 Alt 键，单击"路径"控制面板中的"创建新路径"按钮 ，将弹出"新建路径"对话框。

9.3.3 保存路径

使用"存储路径"命令可以保存已经建立并编辑好的路径。

建立一个新图像，用"钢笔"工具 直接在图像上绘制出路径，如图 9-85 所示，"路径"控制面板中会产生一个临时的工作路径，如图 9-86 所示。单击"路径"控制面板右上方的 图标，弹出菜单。在弹出的菜单中选择"存储路径"命令，弹出"存储路径"对话框，如图 9-87 所示，"名称"选项用于设置保存路径的名称，单击"确定"按钮，"路径"控制面板如图 9-88 所示。

图 9-85

图 9-86

图 9-87

图 9-88

9.3.4 复制、删除、重命名路径

可以对路径进行复制、删除和重命名。

1. 复制路径

复制路径有以下两种方法。

● 使用"路径"控制面板的菜单。单击"路径"控制面板右上方的图标，弹出菜单。在弹出的菜单中选择"复制路径"命令，弹出"复制路径"对话框，如图 9-89 所示。"名称"选项用于设置复制的路径的名称，单击"确定"按钮，"路径"控制面板如图 9-90 所示。

图 9-89 　　　　　　　　　　　　　　　　　　图 9-90

● 使用"路径"控制面板中的按钮。将"路径"控制面板中需要复制的路径拖放到下面的"创建新路径"按钮上，就可以复制出一个新路径。

2. 删除路径

删除路径有以下两种方法。

● 使用"路径"控制面板的菜单。单击"路径"控制面板右上方的图标，弹出菜单。在弹出的菜单中选择"删除路径"命令，将路径删除。

● 使用"路径"控制面板中的按钮。选择需要删除的路径，单击"路径"控制面板中的"删除当前路径"按钮，将选择的路径删除；或将需要删除的路径拖放到"删除当前路径"按钮上，将路径删除。

3. 重命名路径

"路径"控制面板如图 9-91 所示，双击"路径"控制面板中的路径名，出现重命名路径文本框，如图 9-92 所示，改名后按 Enter 键即可，效果如图 9-93 所示。

图 9-91 　　　　　　　　　图 9-92 　　　　　　　　　图 9-93

9.3.5 选区和路径的转换

在"路径"控制面板中，可以将选区和路径相互转换。下面将具体讲解选区和路径相互转换的方法和技巧。

1. 将选区转换成路径

将选区转换成路径有以下两种方法。

● 使用"路径"控制面板的菜单。建立选区，效果如图 9-94 所示。单击"路径"控制面板右

上方的 图标，在弹出的菜单中选择"建立工作路径"命令，弹出"建立工作路径"对话框，如图 9-95 所示。在对话框中，"容差"选项用于设置转换时的误差允许范围，数值越小越精确，路径上的关键点也越多。如果要编辑生成的路径，在此处设置的数值最好为 2，设置好后，单击"确定"按钮，便将选区转换成路径了，效果如图 9-96 所示。

图 9-94

图 9-95

图 9-96

● 使用"路径"控制面板中的按钮。单击"路径"控制面板中的"从选区生成工作路径"按钮 ，将选区转换成路径。

2. 将路径转换成选区

将路径转换成选区有以下两种方法。

● 使用"路径"控制面板的菜单。建立路径，如图 9-97 所示。单击"路径"控制面板右上方的 图标，在弹出的菜单中选择"建立选区"命令，弹出"建立选区"对话框，如图 9-98 所示。

在"渲染"选项组中，"羽化半径"选项用于设置羽化边缘的数值，"消除锯齿"选项用于消除边缘的锯齿。在"操作"选项组中，"新建选区"选项用于从路径创建一个新的选区，"添加到选区"选项用于将从路径创建的选区添加到当前选区中，"从选区中减去"选项用于从一个已有的选区中减去当前从路径创建的选区，"与选区交叉"选项用于在路径中保留路径与选区的重复部分。

设置好后，单击"确定"按钮，将路径转换成选区，效果如图 9-99 所示。

图 9-97

图 9-98

图 9-99

● 使用"路径"控制面板中的按钮。单击"路径"控制面板中的"将路径作为选区载入"按钮 ，将路径转换成选区。

9.3.6 用前景色填充路径

用前景色填充路径有以下两种方法。

● 使用"路径"控制面板的菜单。建立路径，如图 9-100 所示。单击"路径"控制面板右上方的 图标，在弹出的菜单中选择"填充路径"命令，弹出"填充路径"对话框，如图 9-101 所示。

在对话框中，"内容"选项组用于设置使用的填充颜色或图案，"模式"选项用于设置混合模式，"不透明度"选项用于设置填充的不透明度，"保留透明区域"选项用于保护图像中的透明区域，"羽化半径"选项用于设置柔化边缘的数值，"消除锯齿"选项用于清除边缘的锯齿。

　　设置好后，单击"确定"按钮，用前景色填充路径的效果如图 9-102 所示。

図 9-100　　　　　　　　　　図 9-101　　　　　　　　　　図 9-102

● 使用"路径"控制面板中的按钮或按键。单击"路径"控制面板中的"用前景色填充路径"
按钮█，即可用前景色填充路径。按住 Alt 键，单击"路径"控制面板中的"用前景色填充
路径"按钮█，弹出"填充路径"对话框。

9.3.7　用画笔描边路径

用画笔描边路径有以下两种方法。

● 使用"路径"控制面板的菜单。建立路径，如图 9-103 所示。单击"路径"控制面板右上方
的██图标，在弹出的菜单中选择"描边路径"命令，弹出"描边路径"对话框，如图 9-104
所示。在"工具"下拉列表中选择"画笔"工具。如果已经在工具箱中选择了"画笔"工具
██，则该工具会自动设置在此处。另外，在属性栏中设置的画笔类型也会直接影响此处的描
边效果。设置好后，单击"确定"按钮，用画笔描边路径的效果如图 9-105 所示。

図 9-103　　　　　　　　　　図 9-104　　　　　　　　　　図 9-105

提示

　　如果在对路径进行描边时没有取消对路径的选择，则描边路径变为描边子路径，
即只对选中的子路径进行描边。

● 使用"路径"控制面板中的按钮。单击"路径"控制面板中的"用画笔描边路径"按钮○，
即可用画笔描边路径。按住 Alt 键，单击"路径"控制面板中的"用画笔描边路径"按钮○，
将弹出"描边路径"对话框。

9.3.8　课堂案例——制作音乐节装饰画

【案例学习目标】学习使用"钢笔"工具和"用前景色填充路径"按钮制作图形。

【案例知识要点】使用"钢笔"工具绘制路径，使用"用前景色填充路径"按钮为路径填充颜色，使用"创建新路径"按钮新建路径，最终效果如图9-106所示。

【效果所在位置】Ch09\效果\制作音乐节装饰画.psd。

制作音乐节装饰画

图9-106

（1）按Ctrl+O组合键，打开云盘中的"Ch09 > 素材 > 制作音乐节装饰画 > 01、02"文件。选择"移动"工具，将02图像拖曳到01图像窗口中适当的位置，效果如图9-107所示，"图层"控制面板中会生成新的图层，将其重命名为"耳机"。

（2）新建图层并将其命名为"线条1"。将前景色设置为红色（229、52、63）。选择"钢笔"工具，将属性栏中的"选择工具模式"选项设置为"路径"，单击以绘制路径，效果如图9-108所示。单击"路径"控制面板下方的"用前景色填充路径"按钮，填充路径，效果如图9-109所示。

图9-107　　　　　　　图9-108　　　　　　　图9-109

（3）单击"路径"控制面板下方的"创建新路径"按钮，"路径"控制面板中会生成"路径1"，如图9-110所示。将前景色设置为绿色（147、197、46）。选择"钢笔"工具，单击以绘制路径，效果如图9-111所示。单击"路径"控制面板下方的"用前景色填充路径"按钮，填充路径，效果如图9-112所示。

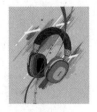

图9-110　　　　　　　图9-111　　　　　　　图9-112

（4）新建路径并生成"路径2"，如图9-113所示。将前景色设置为黄色（248、232、145）。选择"钢笔"工具，单击以绘制路径，效果如图9-114所示。单击"路径"控制面板下方的"用前景色填充路径"按钮，填充路径，效果如图9-115所示。

（5）按Ctrl+O组合键，打开云盘中的"Ch09 > 素材 > 制作音乐节装饰画 > 03"文件。选择"移动"工具，将03图像拖曳到01图像窗口中适当的位置，效果如图9-116所示，"图层"控制面板中会生成新的图层，将其重命名为"装饰"。音乐节装饰画制作完成。

图 9-113

图 9-114

图 9-115

图 9-116

9.3.9 剪贴路径

"剪贴路径"命令用于指定一个路径作为剪贴路径。

在一个图像中定义一个剪贴路径，并将这个图像在其他软件中打开，如果该软件同样支持剪贴路径，则路径以外的图像将是透明的。单击"路径"控制面板右上方的 图标，在弹出的菜单中选择"剪贴路径"命令，弹出"剪贴路径"对话框，如图 9-117 所示。

图 9-117

在对话框中，"路径"选项用于设置剪切路径的名称，"展平度"选项用于压平或简化可能因过于复杂而无法打印的路径。

9.3.10 路径面板选项

"面板选项"命令用于设置"路径"控制面板中缩览图的大小。

"路径"控制面板如图 9-118 所示，单击"路径"控制面板右上方的 图标，在弹出的菜单中选择"面板选项"命令，弹出"路径面板选项"对话框，如图 9-119 所示，调整后的效果如图 9-120 所示。

图 9-118

图 9-119

图 9-120

9.4 创建 3D 图形

在 Photoshop CS6 中可以将平面图层围绕立方体、球体、圆柱体、锥形或金字塔形等创建 3D 模型。只有将平面图层变为 3D 图层，才能使用 3D 工具和命令。

打开一个文件，如图 9-121 所示。选择"3D ＞ 从图层新建网格 ＞ 网格预设"命令，弹出图 9-122 所示的子菜单，选择需要的命令可创建不同的 3D 模型。

图 9-121   图 9-122

选择各命令创建出的 3D 模型如图 9-123 所示。

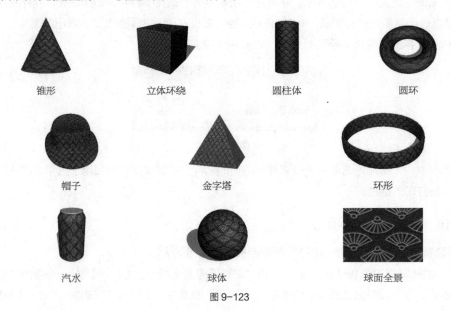

图 9-123

9.5 使用 3D 工具

在 Photoshop CS6 中使用 3D 对象工具可更改 3D 模型的位置或大小，下面将具体介绍这种工具的使用方法。

使用 3D 对象工具可以旋转、缩放或调整模型。当操作 3D 模型时，相机视图保持固定。

打开一个包含 3D 模型的文件，如图 9-124 所示。选中 3D 图层，选择"3D 对象旋转"工具，图像窗口中的鼠标指针会变为图标，上下拖动可将模型围绕其 x 轴旋转，效果如图 9-125 所示；左右拖动可将模型围绕其 y 轴旋转，效果如图 9-126 所示。按住 Alt 键的同时进行拖动可滚动模型。

图 9-124   图 9-125   图 9-126

选择"3D 对象滚动"工具圆,图像窗口中的鼠标指针会变为图标,左右拖动可使模型围绕其 z 轴旋转,效果如图 9-127 所示。

选择"3D 对象平移"工具,图像窗口中的鼠标指针会变为图标,左右拖动可沿水平方向移动模型,效果如图 9-128 所示;上下拖动可沿垂直方向移动模型,效果如图 9-129 所示。按住 Alt 键的同时进行拖动可沿 x/z 轴方向移动模型。

图 9-127   图 9-128   图 9-129

选择"3D 对象滑动"工具,图像窗口中的鼠标指针会变为图标,左右拖动可沿水平方向移动模型,效果如图 9-130 所示;上下拖动可将模型移近或移远,效果如图 9-131 所示。按住 Alt 键的同时进行拖动可沿 x/y 轴方向移动模型。

选择"3D 对象比例"工具,图像窗口中的鼠标指针会变为图标,上下拖动可将模型放大或缩小,效果如图 9-132 所示。按住 Alt 键的同时进行拖动可沿 z 轴方向缩放模型。

图 9-130   图 9-131   图 9-132

课后习题——制作中秋节庆海报

【习题知识要点】使用"钢笔"工具、"描边路径"命令和画笔工具绘制背景形状和装饰线条,使用图层样式添加内阴影和投影,最终效果如图 9-133 所示。

【效果所在位置】Ch09\效果\制作中秋节庆海报.psd。

图 9-133

制作中秋节庆海报

第 10 章
通道的应用

本章介绍

本章将详细讲解通道的概念和操作方法。读者学习本章后应能够合理地利用通道设计与制作作品，使自己的设计作品更上一层楼。

学习目标

- ✔ 了解通道的含义。
- ✔ 熟悉掌握"通道"控制面板的操作方法。
- ✔ 掌握通道的操作。
- ✔ 掌握通道的运算和蒙版的应用。

技能目标

- ✔ 掌握"婚纱摄影类公众号运营海报"的制作方法。
- ✔ 掌握"女性健康公众号首页次图"的制作方法。

素养目标

- ✔ 培养精益求精的工作态度。
- ✔ 提高对健康的关爱。

10.1 通道的含义

Photoshop CS6 的"通道"控制面板中显示的颜色通道与所打开的图像文件有关。RGB 模式的文件包含红、绿和蓝 3 个颜色通道，如图 10-1 所示；而 CMYK 模式的文件则包含青色、洋红、黄色和黑色 4 个颜色通道，如图 10-2 所示。此外，在进行图像的编辑时，新创建的通道称为 Alpha 通道。通道存储的是选区，而不是图像的色彩。利用 Alpha 通道，可以制作出许多独特的效果。

如果想在图像窗口中单独显示各颜色通道的图像效果，可以按快捷键：按 Ctrl+3 组合键，将显示青色的通道图像；按 Ctrl+4 组合键、Ctrl+5 组合键、Ctrl+6 组合键，将分别显示洋红、黄色、黑色的通道图像，效果如图 10-3 所示；按 Ctrl+ ~ 组合键，将恢复显示 4 个通道的综合效果图像。

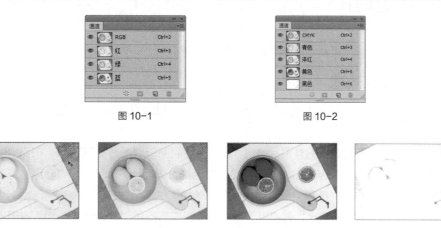

图 10-1　　　　　　　　　　　　　　　图 10-2

青色　　　　　　　洋红　　　　　　　黄色　　　　　　　黑色

图 10-3

10.2　"通道"控制面板

"通道"控制面板可以用于管理所有的通道并对通道进行编辑。选择一个图像，选择"窗口 > 通道"命令，弹出"通道"控制面板，如图 10-4 所示。

在"通道"控制面板中，放置区用于存放当前图像中存在的所有通道。在通道放置区中，选择其中一个通道，此时该通道上会出现一个蓝色条；如果想选中多个通道，可以按住 Shift 键，再单击其他通道。通道左边的眼睛图标用于关闭或显示颜色通道。

单击"通道"控制面板右上方的图标，弹出菜单，如图 10-5 所示。

图 10-4　　　　　　　　　　　　图 10-5

"通道"控制面板的底部有 4 个工具按钮，从左到右依次为"将通道作为选区载入"按钮、"将选区存储为通道"按钮、"创建新通道"按钮和"删除当前通道"按钮，如图 10-6 所示。

图 10-6

"将通道作为选区载入"按钮用于将通道中的选区调出；"将选区存储为通道"按钮用于将选区存入通道中，并可在后面调出来制作一些特殊效果；"创建新通道"按钮用于创建或复制一个新的通道，此时建立的通道即为 Alpha 通道；"删除当前通道"按钮用于删除图像中的通道，将通道直接拖动到"删除当前通道"按钮上，即可删除通道。

10.3 通道的操作

可以通过对图像的通道进行一系列的操作来编辑图像。

10.3.1 创建新通道

在编辑图像的过程中，可以建立新的通道，还可以在新建的通道中对图像进行编辑。新建通道有以下两种方法。

● 使用"通道"控制面板的菜单。单击"通道"控制面板右上方的▼≣图标，在弹出的菜单中选择"新建通道"命令，弹出"新建通道"对话框，如图 10-7 所示。"名称"选项用于设置当前通道的名称，"色彩指示"选项组用于选择两种区域方式，"颜色"选项组用于设置新通道的颜色，"不透明度"选项用于设置当前通道的不透明度。单击"确定"按钮，"通道"控制面板中会建立一个新通道，即"Alpha 1"通道，效果如图 10-8 所示。

图 10-7

图 10-8

● 使用"通道"控制面板中的按钮。单击"通道"控制面板中的"创建新通道"按钮▣，即可创建一个新通道。

10.3.2 复制通道

"复制通道"命令用于对现有的通道进行复制，以产生多个属性相同的通道。复制通道有以下两种方法。

● 使用"通道"控制面板的菜单。单击"通道"控制面板右上方的▼≣图标，在弹出的菜单中选择"复制通道"命令，弹出"复制通道"对话框，如图 10-9 所示。"为"选项用于设置复制的通道的名称，"文档"选项用于设置复制的通道的文件来源。

图 10-9

● 使用"通道"控制面板中的按钮。将"通道"控制面板中需要复制的通道拖放到下方的"创建新通道"按钮▣上，即可复制出一个新通道。

10.3.3 删除通道

不用的或废弃的通道可以删除，以免影响操作。删除通道有以下两种方法。

● 使用"通道"控制面板的菜单。单击"通道"控制面板右上方的▼≡图标，在弹出的菜单中选择"删除通道"命令。

● 使用"通道"控制面板中的按钮。单击"通道"控制面板中的"删除当前通道"按钮🗑️，弹出提示框，如图 10-10 所示，单击"是"按钮，将通道删除。将需要删除的通道拖放到"删除当前通道"按钮🗑️上，也可以将其删除。

图 10-10

10.3.4 专色通道

专色通道是指在 CMYK 四色以外单独制作的一个通道，用来放置金色、银色或者一些有特别要求的专色。

1. 新建专色通道

单击"通道"控制面板右上方的▼≡图标，在弹出的菜单中选择"新建专色通道"命令，弹出"新建专色通道"对话框，如图 10-11 所示。

图 10-11

在"新建专色通道"对话框中，"名称"选项用于输入新通道的名称；"颜色"选项用于选择特别的颜色；"密度"选项用于输入特别色的显示透明度，值为 0 ~ 100%。

2. 在专色通道中绘制

单击"通道"控制面板中新建的专色通道。选择"画笔"工具✏️，在"画笔"工具✏️的属性栏中进行设置，如图 10-12 所示。在图像中合适的位置进行绘制，如图 10-13 所示。

图 10-12

图 10-13

3. 将新通道转换为专色通道

单击"通道"控制面板中的"Alpha 1"通道，如图 10-14 所示。单击"通道"控制面板右上方的图标，在弹出的菜单中选择"通道选项"命令，弹出"通道选项"对话框，选择"专色"单选项，其他选项的设置如图 10-15 所示。单击"确定"按钮，将"Alpha 1"通道转换为专色通道，如图 10-16 所示。

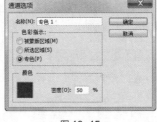

图 10-14   图 10-15   图 10-16

4. 合并专色通道

单击"通道"控制面板中新建的专色通道，如图 10-17 所示。单击"通道"控制面板右上方的图标，在弹出的菜单中选择"合并专色通道"命令，将专色通道合并，效果如图 10-18 所示。

图 10-17   图 10-18

10.3.5 通道选项

"通道选项"命令用于设置 Alpha 通道。单击"通道"控制面板右上方的图标，在弹出的菜单中选择"通道选项"命令，弹出"通道选项"对话框，如图 10-19 所示。

在"通道选项"对话框中，"名称"选项用于设置通道的名称；"色彩指示"选项组用于设置通道中蒙版的显示方式，其中，"被蒙版区域"选项表示蒙版区为深色显示状态、非蒙版区为透明显示状态，"所选区域"选项表示蒙版区为透明显示状态、非蒙版区为深色显示状态，"专色"选项表示以专色显示；"颜色"选项组用于设置填充蒙版的颜色；"不透明度"选项用于设置蒙版的不透明度。

图 10-19

10.3.6 分离与合并通道

"分离通道"命令用于把图像的每个通道拆分为独立的图像文件。"合并通道"命令可以将多个灰度图像合并为一个图像。

单击"通道"控制面板右上方的图标，在弹出的菜单中选择"分离通道"命令，将图像中的每个通道分离成各自独立的 8 位灰度图像。分离前后的效果如图 10-20 所示。

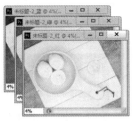

图 10-20

单击"通道"控制面板右上方的▼≡图标，在弹出的菜单中选择"合并通道"命令，弹出"合并通道"对话框，如图 10-21 所示。

在"合并通道"对话框中，"模式"选项用于选择 RGB 模式、CMYK 模式、Lab 模式或多通道模式；"通道"选项用于设置生成图像的通道数目，一般采用系统的默认值。

在"合并通道"对话框中选择"RGB 颜色"，单击"确定"按钮，弹出"合并 RGB 通道"对话框，如图 10-22 所示。在该对话框中，可以在选定的颜色模式中为每个通道指定一个灰度图像，被指定的图像可以是同一个图像，也可以是不同的图像，但这些图像的大小必须是相同的。在合并之前，所有要合并的图像都必须是打开的，尺寸要绝对一样，而且一定要为灰度图像。单击"确定"按钮，效果如图 10-23 所示。

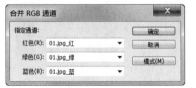

图 10-21　　　　　　　　　　　图 10-22　　　　　　　　　图 10-23

10.3.7　课堂案例——制作婚纱摄影类公众号运营海报

【案例学习目标】学习使用"通道"控制面板抠出婚纱。

【案例知识要点】使用"钢笔"工具绘制选区，使用"色阶"命令调整图片，使用"通道"控制面板和"计算"命令抠出婚纱，最终效果如图 10-24 所示。

【效果所在位置】Ch10\效果\制作婚纱摄影类公众号运营海报.psd。

（1）按 Ctrl+O 组合键，打开云盘中的"Ch10 > 素材 > 制作婚纱摄影类公众号运营海报 > 01"文件，如图 10-25 所示。

（2）选择"钢笔"工具 ，将属性栏中的"选择工具模式"选项设置为"路径"，沿着人物的轮廓绘制路径，绘制时要避开半透明的婚纱，如图 10-26 所示。

图 10-24

制作婚纱摄影类
公众号运营海报

（3）按 Ctrl+Enter 组合键，将路径转换为选区，如图 10-27 所示。单击"通道"控制面板下方的"将选区存储为通道"按钮 ，将选区存储为通道，如图 10-28 所示。按 Ctrl+D 组合键，取消选区。

图 10-25

图 10-26

图 10-27

图 10-28

（4）将"红"通道拖曳到控制面板下方的"创建新通道"按钮 上，复制通道，如图 10-29 所示。选择"钢笔"工具 ，在图像窗口中绘制路径，如图 10-30 所示。按 Ctrl+Enter 组合键，将路径转换为选区，效果如图 10-31 所示。

图 10-29

图 10-30

图 10-31

（5）按 Shift+Ctrl+I 组合键，反选选区。将前景色设置为黑色。按 Alt+Delete 组合键，用前景色填充选区。按 Ctrl+D 组合键，取消选区，如图 10-32 所示。选择"图像 > 计算"命令，在弹出的对话框中进行设置，如图 10-33 所示，单击"确定"按钮，得到新的通道图像，效果如图 10-34 所示。

图 10-32

图 10-33

图 10-34

（6）选择"图像 > 调整 > 色阶"命令，在弹出的对话框中进行设置，如图 10-35 所示，单击"确定"按钮，效果如图 10-36 所示。按住 Ctrl 键的同时，单击"Alpha 2"通道的缩览图，载入婚纱选区，效果如图 10-37 所示。

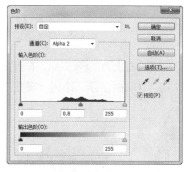

图 10-35　　　　　　　　　图 10-36　　　　　　　　　图 10-37

（7）单击"RGB"通道，显示彩色图像。单击"图层"控制面板下方的"添加图层蒙版"按钮 ，添加图层蒙版，如图 10-38 所示，抠出婚纱图像，效果如图 10-39 所示。

（8）按 Ctrl+N 组合键，弹出"新建"对话框，设置宽度为 750 像素，高度为 1181 像素，分辨率为 72 像素/英寸，颜色模式为 RGB，背景内容为蓝灰色（143、153、165），单击"确定"按钮，新建一个文件。

（9）选择"移动"工具 ，将抠出的婚纱图像拖曳到新建的图像窗口中适当的位置，并调整其大小，效果如图 10-40 所示。"图层"控制面板中会生成新的图层，将其重命名为"婚纱照"。

图 10-38　　　　　　　　　图 10-39　　　　　　　　　图 10-40

（10）按 Ctrl+L 组合键，弹出"色阶"对话框，各选项的设置如图 10-41 所示，单击"确定"按钮，效果如图 10-42 所示。

（11）按 Ctrl+O 组合键，打开云盘中的"Ch10 > 素材 > 制作婚纱摄影类公众号运营海报 > 02"文件。选择"移动"工具 ，将 02 图像拖曳到新建的图像窗口中适当的位置，效果如图 10-43 所示。"图层"控制面板中会生成新的图层，将其重命名为"文字"。婚纱摄影类公众号运营海报制作完成。

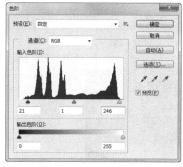

图 10-41　　　　　　　　　图 10-42　　　　　　　　　图 10-43

10.3.8 通道面板选项

通道面板选项用于设置"通道"控制面板中缩览图的大小。

"通道"控制面板中的原始效果如图 10-44 所示。单击控制面板右上方的图标，在弹出的菜单中选择"面板选项"命令，弹出"通道面板选项"对话框，如图 10-45 所示，单击"确定"按钮，调整后的效果如图 10-46 所示。

图 10-44

图 10-45

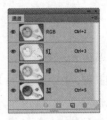

图 10-46

10.4 通道蒙版

使用通道蒙版是一种更方便、快捷和灵活地选择图像区域的方法。在实际应用中，颜色相近的图像区域的选择、羽化选区操作及抠图处理等工作使用蒙版完成将会更加便捷。

10.4.1 快速蒙版的制作

选择"快速蒙版"命令，可以使图像快速地进入蒙版编辑状态。

打开图像，如图 10-47 所示。选择"魔棒"工具，在"魔棒"工具的属性栏中进行设置，如图 10-48 所示。按住 Shift 键，鼠标指针旁会出现"+"号，连续单击背景区域，效果如图 10-49所示。

图 10-47

图 10-48

图 10-49

单击工具箱下方的"以快捷蒙版模式编辑"按钮 ，进入蒙版状态，选区暂时消失，图像的未选择区域变为红色，如图 10-50 所示。"通道"控制面板中将自动生成"快速蒙版"通道，如图 10-51 所示。快速蒙版图像如图 10-52 所示。

系统预设蒙版颜色为半透明的红色。

提示

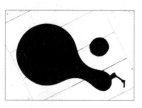

图 10-50　　　　　　　图 10-51　　　　　　　图 10-52

选择"画笔"工具 ，在"画笔"工具 的属性栏中进行设置，如图 10-53 所示。将快速蒙版中的边角杂物涂成白色，图像效果和快速蒙版如图 10-54 所示。

图 10-53

图 10-54

双击"快速蒙版"通道，弹出"快速蒙版选项"对话框，在其中可对快速蒙版进行设置。在该对话框中，选择"被蒙版区域"单选项，如图 10-55 所示，单击"确定"按钮，在所选区域生成蒙版，如图 10-56 所示。

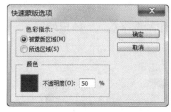

图 10-55　　　　　　　　　　图 10-56

在"快速蒙版选项"对话框中，选择"所选区域"单选项，如图 10-57 所示，单击"确定"按钮，在所选区域生成蒙版，如图 10-58 所示。

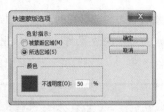

图 10-57　　　　　　　　　　　　　　　　图 10-58

10.4.2　在 Alpha 通道中存储蒙版

可以将编辑好的蒙版保存到 Alpha 通道中。下面将具体讲解存储蒙版的方法。

选择"自由钢笔"工具，将属性栏中的"选择工具模式"选项设置为"路径"，勾选"磁性的"复选框，沿着图像周围绘制路径，如图 10-59 所示。按 Ctrl+Enter 组合键，将路径转化为选区，如图 10-60 所示。

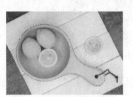

图 10-59　　　　　　　　　　　　　　　　图 10-60

选择"选择 > 存储选区"命令，弹出"存储选区"对话框，进行图 10-61 所示的设置，单击"确定"按钮，建立通道"Alpha 1"。或单击"通道"控制面板中的"将选区存储为通道"按钮，建立通道"Alpha 1"，效果如图 10-62 所示。

图 10-61　　　　　　　　　　　　　　　　图 10-62

将图像保存，再次打开图像时，选择"选择 > 载入选区"命令，弹出"载入选区"对话框，进行图 10-63 所示的设置，单击"确定"按钮，将通道"Alpha 1"的选区载入。或单击"通道"控制面板中的"将通道作为选区载入"按钮，将通道"Alpha 1"作为选区载入，效果如图 10-64 所示。

图 10-63　　　　　　　　　　　　　　　　图 10-64

10.5 通道运算

进行通道运算可以按照各种合成方式合成单个或几个通道中的图像内容。进行通道运算的图像尺寸必须一致。

10.5.1 应用图像

"应用图像"命令用于处理通道内的图像，使图像混合产生特殊的效果。选择"图像 > 应用图像"命令，弹出"应用图像"对话框，如图 10-65 所示。

图 10-65

在对话框中，"源"选项用于选择源文件；"图层"选项用于选择源文件的图层；"通道"选项用于选择源通道；"反相"选项用于在处理前先反转通道内的内容；"目标"选项能显示出目标文件的名称、图层、通道及颜色模式等信息；"混合"选项用于选择混合模式，即选择两个通道对应像素的计算方法；"不透明度"选项用于设置图像的不透明度；"蒙版"选项用于加入蒙版以限定选区。

提示

> 使用"应用图像"命令要求源文件与目标文件的尺寸必须相同，因为参加计算的两个通道内的像素是一一对应的。

打开两个图像，选择"图像 > 图像大小"命令，弹出"图像大小"对话框。分别将两个图像设置为相同的尺寸，设置好后，单击"确定"按钮，效果如图 10-66 和图 10-67 所示。

图 10-66

图 10-67

在两个图像的"通道"控制面板中分别建立通道蒙版，其中黑色表示遮住的区域。返回两个图像的 RGB 通道，效果如图 10-68 和图 10-69 所示。

图 10-68

图 10-69

选择"03"文件，选择"图像 > 应用图像"命令，弹出"应用图像"对话框，如图 10-70 所示。设置完成后，单击"确定"按钮，两个图像混合后的效果如图 10-71 所示。

图 10-70

图 10-71

在"应用图像"对话框中，勾选"蒙版"复选框，弹出蒙版的其他选项，如图 10-72 所示。设置好后，单击"确定"按钮，两个图像混合后的效果如图 10-73 所示。

图 10-72

图 10-73

10.5.2　课堂案例——制作女性健康公众号首页次图

【案例学习目标】学习使用通道运算命令合成图像。

【案例知识要点】使用"应用图像"命令制作合成图像，最终效果如图 10-74 所示。

【效果所在位置】Ch10\效果\制作女性健康公众号首页次图.psd。

图 10-74

制作女性健康
公众号首页次图

（1）按 Ctrl+O 组合键，打开云盘中的"Ch10 ＞ 素材 ＞ 制作女性健康公众号首页次图 ＞ 01、02"文件，如图 10-75 和图 10-76 所示。

（2）选择"图像 ＞ 应用图像"命令，在弹出的对话框中进行设置，如图 10-77 所示，单击"确定"按钮。

图 10-75 图 10-76 图 10-77

（3）选择"图像 ＞ 调整 ＞ 曲线"命令，弹出对话框。在曲线上单击添加控制点，各选项的设置如图 10-78 所示；再次单击添加控制点，各选项的设置如图 10-79 所示。单击"确定"按钮，效果如图 10-80 所示。女性健康公众号首页次图制作完成。

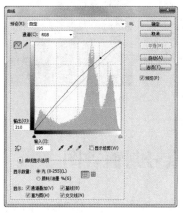 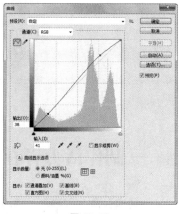 

图 10-78 图 10-79 图 10-80

10.5.3　计算

"计算"命令用于计算两个通道内的相应内容，但主要用于合成单个通道的内容。

选择"图像 ＞ 计算"命令，弹出"计算"对话框，如图 10-81 所示。

图 10-81

在"计算"对话框中，第1个选项组的"源1"选项用于选择源文件1，"图层"选项用于选择源文件1中的图层，"通道"选项用于选择源文件1中的通道，"反相"选项用于进行反转处理；第2个选项组的"源2""图层""通道""反相"选项用于选择源文件2的相应信息；第3个选项组的"混合"选项用于选择混合模式，"不透明度"选项用于设置不透明度；"结果"选项用于指定处理结果的存放位置。

尽管"计算"命令与"应用图像"命令一样，都是对两个通道的相应内容进行计算与处理的命令，但是二者也有区别。用"应用图像"命令处理后的结果可作为源文件或目标文件使用；而用"计算"命令处理后的结果则被存成一个通道，如存成Alpha通道，使其可转变为选区以供其他工具使用。

选择"图像 > 计算"命令，弹出"计算"对话框，进行图10-82所示的设置，单击"确定"按钮，两个图像通道运算后的新通道效果如图10-83所示。

图 10-82　　　　　　　　　　　　　　　　　　图 10-83

课后习题——制作活力青春公众号封面首图

【习题知识要点】使用"分离通道"命令和"合并通道"命令处理图片，使用"彩色半调"命令为通道添加滤镜效果，使用"色阶"命令和"曝光度"命令调整各通道的颜色，最终效果如图10-84所示。

【效果所在位置】Ch10\效果\制作活力青春公众号封面首图.psd。

制作活力青春
公众号封面首图

图 10-84

第 11 章
滤镜效果

本章介绍

本章将详细介绍滤镜的功能和效果。读者学习本章后应了解并掌握滤镜的各项功能和特点，并能通过反复的实践练习制作出丰富多彩的图像效果。

学习目标

- ✔ 了解"滤镜"菜单。
- ✔ 了解滤镜与图像颜色模式。
- ✔ 了解不同的滤镜。
- ✔ 掌握滤镜的使用技巧。

技能目标

- ✔ 掌握"汽车销售类公众号封面首图"的制作方法。
- ✔ 掌握"美妆护肤类公众号封面首图"的制作方法。
- ✔ 掌握"素描图像"的制作方法。
- ✔ 掌握"彩妆网店详情页主图"的制作方法。
- ✔ 掌握"摄影摄像类公众号封面首图"的制作方法。
- ✔ 掌握"淡彩钢笔画"的制作方法。

素养目标

- ✔ 加深对中华传统文化的热爱。
- ✔ 培养勇于实践的精神。

11.1 "滤镜"菜单介绍

Photoshop CS6 的"滤镜"菜单下提供了多种功能的滤镜，选择这些滤镜，可以制作出奇妙的图像效果。

单击"滤镜"菜单名，弹出图 11-1 所示的菜单。

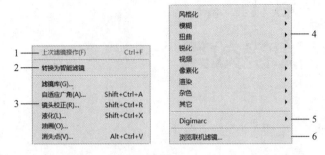

图 11-1

第 1 部分是最近一次使用的滤镜。当没有使用滤镜时，它是灰色的，不可以选择；当使用一种滤镜后，需要重复使用这种滤镜时，只要直接选择这个命令或按 Ctrl+F 组合键，即可重复使用所需滤镜。

第 2 部分是"转换为智能滤镜"命令。选择此命令即可将普通滤镜转换为智能滤镜。

第 3 部分是 6 种 Photoshop CS6 滤镜。每个滤镜的功能都十分强大。

第 4 部分是 9 种 Photoshop CS6 滤镜组。每个滤镜组中都包含多种滤镜。

第 5 部分是常用外挂滤镜。当没有安装常用外挂滤镜时，它是灰色的，不可以选择。

第 6 部分是"浏览联机滤镜"命令。

11.2　滤镜与图像颜色模式

当打开一个图像，并对其使用滤镜时，必须了解图像颜色模式和滤镜的关系。RGB 模式的图像可以使用 Photoshop CS6 中的任意一种滤镜。不能使用滤镜的图像颜色模式有位图模式、16 位灰度模式、索引模式和 48 位 RGB 模式。在 CMYK 模式和 Lab 模式下，不能使用的滤镜有画笔描边、视频、素描、纹理和艺术效果等。

11.3　滤镜效果介绍

Photoshop CS6 的滤镜有着很强的艺术性和实用性，能制作出五彩缤纷的图像效果。下面将具体介绍各种滤镜的使用方法和应用效果。

11.3.1　滤镜库

Photoshop CS6 的滤镜库将常用滤镜组组合在一个面板中，以折叠菜单的方式显示，并为每一个滤镜提供了直观的效果预览，使用起来十分方便。

选择"滤镜 > 滤镜库"命令，弹出"滤镜库"对话框。在对话框中，左侧为滤镜预览框，可显示滤镜应用后的效果；中部为滤镜列表，每个滤镜组包含了多个特色滤镜，单击需要的滤镜组，可以浏览该组中的各个滤镜和相应的滤镜效果；右侧为滤镜参数设置栏，可以设置所用滤镜的各项参数值，如图 11-2 所示。

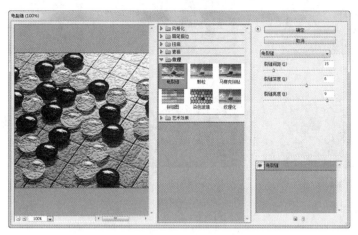

图 11-2

1. 风格化滤镜组

风格化滤镜组只包含一个"照亮边缘"滤镜，如图 11-3 所示。此滤镜可以搜索主要颜色的变化区域并强化其过渡像素，从而产生轮廓发光的效果。应用滤镜前后的效果如图 11-4 和图 11-5 所示。

图 11-3

图 11-4

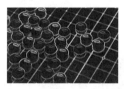

图 11-5

2. 画笔描边滤镜组

画笔描边滤镜组包含 8 个滤镜，如图 11-6 所示。此滤镜组对 CMYK 模式和 Lab 模式的图像都不起作用。应用不同的滤镜制作出的效果如图 11-7 所示。

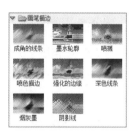

图 11-6

原图

成角的线条

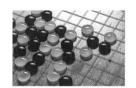

墨水轮廓

图 11-7

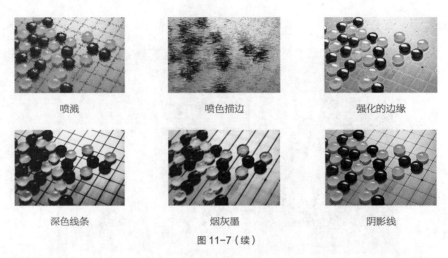

喷溅	喷色描边	强化的边缘
深色线条	烟灰墨	阴影线

图 11-7（续）

3. 扭曲滤镜组

扭曲滤镜组包含 3 个滤镜，如图 11-8 所示。此滤镜组可以生成一组变形效果。应用不同的滤镜制作出的效果如图 11-9 所示。

图 11-8

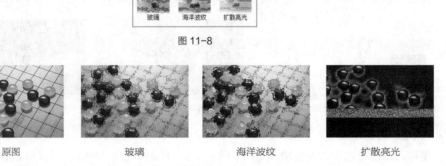

图 11-9

4. 素描滤镜组

素描滤镜组包含 14 个滤镜，如图 11-10 所示。此滤镜组只对 RGB 模式或灰度模式的图像起作用，可以制作出多种绘画效果。应用不同的滤镜制作出的效果如图 11-11 所示。

图 11-10

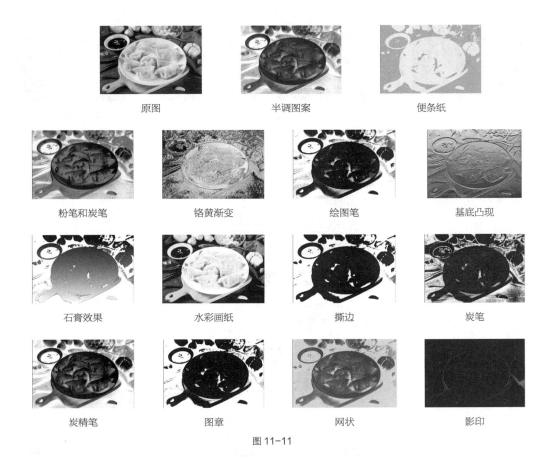

图 11-11

5. 纹理滤镜组

纹理滤镜组包含 6 个滤镜，如图 11-12 所示。此滤镜组可以使图像产生纹理效果。应用不同的滤镜制作出的效果如图 11-13 所示。

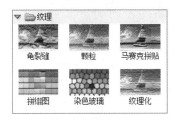

图 11-12

原图

龟裂缝

颗粒

图 11-13

马赛克拼贴

拼缀图

染色玻璃

纹理化

图 11-13（续）

6. 艺术效果滤镜组

艺术效果滤镜组包含 15 个滤镜，如图 11-14 所示。此滤镜组在 RGB 模式和多通道模式下才可用。应用不同的滤镜制作出的效果如图 11-15 所示。

图 11-14

原图

壁画

彩色铅笔

粗糙蜡笔

底纹效果

干画笔

海报边缘

海绵

绘画涂抹

胶片颗粒

木刻

霓虹灯光

水彩

塑料包装

调色刀

涂抹棒

图 11-15

7. 滤镜叠加

在"滤镜库"对话框中可以创建多个效果图层,每个图层可以应用不同的滤镜,从而使图像具有多个滤镜叠加后的效果。

为图像添加"强化的边缘"滤镜,如图 11-16 所示,单击"新建效果图层"按钮,生成新的效果图层,如图 11-17 所示。为图像添加"海报边缘"滤镜,叠加后的效果如图 11-18 所示。

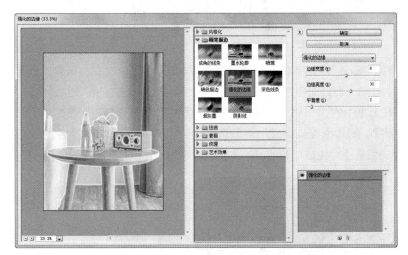

图 11-16   图 11-17

图 11-18

11.3.2 课堂案例——制作汽车销售类公众号封面首图

【案例学习目标】学习使用滤镜库制作公众号封面首图。

【案例知识要点】使用滤镜库中的艺术效果和纹理滤镜制作特效,使用"移动"工具添加宣传文字,最终效果如图 11-19 所示。

【效果所在位置】Ch11\效果\制作汽车销售类公众号封面首图.psd。

制作汽车销售类
公众号封面首图

图 11-19

（1）按 Ctrl+N 组合键，弹出"新建"对话框，设置宽度为 1175 像素，高度为 500 像素，分辨率为 72 像素/英寸，颜色模式为 RGB，背景内容为白色，单击"确定"按钮，新建一个文件。

（2）按 Ctrl+O 组合键，打开云盘中的"Ch11 > 素材 > 制作汽车销售类公众号封面首图 > 01"文件。选择"移动"工具 ，将 01 图片拖曳到新建的图像窗口中适当的位置并调整其大小，效果如图 11-20 所示，"图层"控制面板中会生成新的图层，将其重命名为"图片"。

图 11-20

（3）选择"滤镜 > 滤镜库"命令，在弹出的对话框中选择"艺术效果 > 海报边缘"滤镜，各选项的设置如图 11-21 所示，单击对话框右下方的"新建效果图层"按钮 ，生成新的效果图层，如图 11-22 所示。

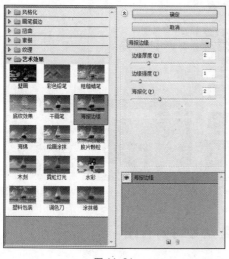

图 11-21

图 11-22

（4）在对话框中选择"纹理 > 纹理化"滤镜，各选项的设置如图 11-23 所示，单击"确定"按钮，效果如图 11-24 所示。

图 11-23

图 11-24

（5）按 Ctrl+O 组合键，打开云盘中的"Ch11 > 素材 > 制作汽车销售类公众号封面首图 > 02"
文件，如图 11-25 所示。选择"移动"工具 ▶+，将 02 图片拖曳到新建的图像窗口中适当的位置，效
果如图 11-26 所示，"图层"控制面板中会生成新的图层，将其重命名为"文字"。汽车销售类公众
号封面首图制作完成。

图 11-25

图 11-26

11.3.3 "自适应广角"滤镜

"自适应广角"滤镜是 Photoshop CS6 推出的一项新功能，可以利用它对具有广角、超广角及鱼
眼效果的图片进行校正。

打开一张图片，如图 11-27 所示。选择"滤镜 > 自适应广角"命令，弹出对话框，如图 11-28
所示。

图 11-27

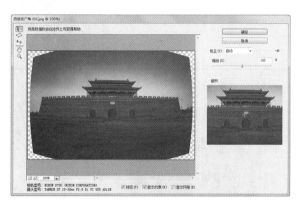

图 11-28

对话框右侧选项的设置如图 11-29 所示，在对话框左侧的图片上需要调整的位置拖曳出一条直线
段，再将中间的锚点向下拖曳到适当的位置，图片会自动调整，效果如图 11-30 所示，单击"确定"

按钮，图片调整后的效果如图 11-31 所示。

用相同的方法可以调整上方的屋檐，效果如图 11-32 所示。

图 11-29

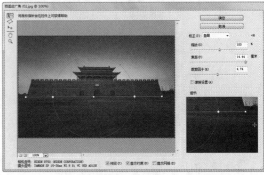

图 11-30

图 11-31

图 11-32

11.3.4 "镜头校正"滤镜

"镜头校正"滤镜可以用于修复常见的镜头瑕疵，如桶形失真、枕形失真、晕影和色差等；也可以用于旋转图像，或修复由相机在垂直或水平方向上倾斜而导致的图像透视、错视问题。

打开一张图片，如图 11-33 所示。选择"滤镜 > 镜头校正"命令，弹出对话框，如图 11-34 所示。

图 11-33

图 11-34

单击"自定"选项卡，各选项的设置如图 11-35 所示，单击"确定"按钮，效果如图 11-36 所示。

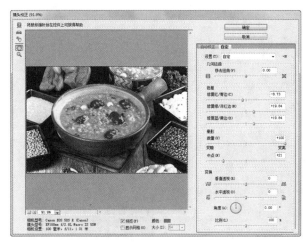

图 11-35

图 11-36

11.3.5 "液化"滤镜

"液化"滤镜可以制作出各种类似液化的图像变形效果。

打开一张图片，如图 11-37 所示。选择"滤镜 > 液化"命令，或按 Shift+Ctrl+X 组合键，弹出"液化"对话框，勾选右侧的"高级模式"复选框，如图 11-38 所示。

图 11-37

图 11-38

在对话框中对图像进行变形，如图 11-39 所示，单击"确定"按钮，液化变形效果如图 11-40 所示。

左侧工具箱中的工具由上到下分别为"向前变形"工具 、"重建"工具 、"顺时针旋转扭曲"工具 、"褶皱"工具 、"膨胀"工具 、"左推"工具 、"冻结蒙版"工具 、"解冻蒙版"工具 、"抓手"工具 和"缩放"工具 。

"工具选项"选项组："画笔大小"选项用于设置所选工具的笔触大小；"画笔密度"选项用于设置画笔的浓密度；"画笔压力"选项用于设置画笔的压力，压力越小，变形的过程越慢；"画笔速率"选项用于设置画笔的绘制速度；"光笔压力"选项用于设置压感笔的压力。

图 11-39 图 11-40

　　"重建选项"选项组："重建"按钮用于对变形的图像进行重置，"恢复全部"按钮用于将图像恢复到打开时的状态。

　　"蒙版选项"选项组：用于选择通道蒙版的形式。单击"无"按钮，可以不制作蒙版；单击"全部蒙住"按钮，可以为全部的区域制作蒙版；单击"全部反相"按钮，可以解冻蒙版区域并冻结剩余的区域。

　　"视图选项"选项组：勾选"显示图像"复选框可以显示图像；勾选"显示网格"复选框可以显示网格，"网格大小"选项用于设置网格的大小，"网格颜色"选项用于设置网格的颜色；勾选"显示蒙版"复选框可以显示蒙版，"蒙版颜色"选项用于设置蒙版的颜色；勾选"显示背景"复选框，在"使用"下拉列表中可以选择图层，在"模式"下拉列表中可以选择不同的模式，在"不透明度"数值框中可以输入不透明度值。

11.3.6　课堂案例——制作美妆护肤类公众号封面首图

　　【案例学习目标】学习使用"液化"滤镜制作出需要的效果。

　　【案例知识要点】使用"液化"对话框中的"向前变形"工具、"褶皱"工具调整脸型，使用"移动"工具添加文字和产品素材，最终效果如图11-41所示。

　　【效果所在位置】Ch11\效果\制作美妆护肤类公众号封面首图.psd。

制作美妆护肤类
公众号封面首图

图 11-41

　　（1）按 Ctrl+N 组合键，弹出"新建"对话框，设置宽度为 1175 像素，高度为 500 像素，分辨率为 72 像素/英寸，颜色模式为 RGB，背景内容为粉色（255、211、214），单击"确定"按钮，新建一个文件。

（2）按 Ctrl+O 组合键，打开云盘中的"Ch11 > 素材 > 制作美妆护肤类公众号封面首图 > 01"文件，如图 11-42 所示。将"背景"图层拖曳到控制面板下方的"创建新图层"按钮 ⬛ 上进行复制，生成新的图层"背景 副本"，如图 11-43 所示。

图 11-42   图 11-43

（3）选择"滤镜 > 液化"命令，弹出对话框，选择"向前变形"工具 ⬚，将"画笔大小"选项设置为 100，"画笔压力"选项设置为 100，在预览窗口中拖曳鼠标，调整头顶和右侧的头发，如图 11-44 所示。

图 11-44

（4）选择"膨胀"工具 ⬚，将"画笔大小"选项设置为 200，在预览窗口中拖曳鼠标，调整左右两侧发髻的大小，如图 11-45 所示。单击"确定"按钮，图像效果如图 11-46 所示。

图 11-45   图 11-46

（5）选择"移动"工具 🔛，将01图像拖曳到新建的图像窗口中适当的位置并调整其大小，效果如图11-47所示。"图层"控制面板中会生成新的图层，将其重命名为"人物"。

（6）单击"图层"控制面板下方的"添加图层蒙版"按钮 ▣，为"人物"图层添加蒙版。选择"渐变"工具 ▣，单击属性栏中的"点按可编辑渐变"按钮 ▭，弹出"渐变编辑器"对话框。将渐变色设置为从黑色到白色，如图11-48所示，单击"确定"按钮。在图像窗口中从左向右拖曳，填充渐变色。

图 11-47

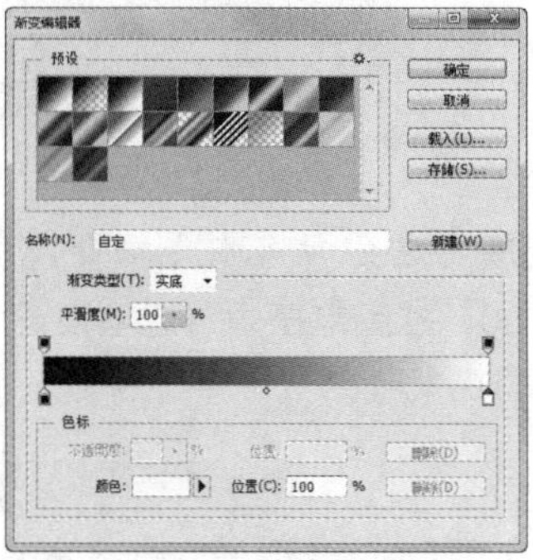

图 11-48

（7）按Ctrl+O组合键，打开云盘中的"Ch11 > 素材 > 制作美妆护肤类公众号封面首图 > 02、03"文件。选择"移动"工具 🔛，将02和03图像分别拖曳到新建的图像窗口中适当的位置，如图11-49所示。"图层"控制面板中会分别生成新的图层，将它们分别重命名为"文字"和"化妆品"。美妆护肤类公众号封面首图制作完成。

图 11-49

11.3.7 "油画"滤镜

"油画"滤镜可以将照片或图片制作成油画效果。

打开一张图片，如图11-50所示。选择"滤镜 > 油画"命令，弹出对话框，如图11-51所示。

图 11-50

图 11-51

"画笔"选项组可以设置笔刷的样式化、清洁度、缩放和硬毛刷细节，"光照"选项组可以设置角方向和亮光情况。

各选项的设置如图 11-52 所示，单击"确定"按钮，效果如图 11-53 所示。

图 11-52

图 11-53

11.3.8 "消失点"滤镜

应用"消失点"滤镜可以制作建筑物或任何矩形对象的透视效果。

选中图像中的建筑物，生成选区，如图 11-54 所示。按 Ctrl + C 组合键复制选区中的图像，取消选区。选择"滤镜 > 消失点"命令，弹出"消失点"对话框，在对话框的左侧选中"创建平面工具"按钮，在图像中单击定义 4 个角的锚点，如图 11-55 所示。各锚点会自动连接成为透视平面，如图 11-56 所示。

图 11-54

图 11-55

图 11-56

按 Ctrl＋V 组合键将刚才复制的图像粘贴到对话框中，如图 11-57 所示。将粘贴的图像拖曳到透视平面中，如图 11-58 所示。

图 11-57

图 11-58

按住 Alt 键的同时，向上拖曳并复制建筑物，如图 11-59 所示。用相同的方法再复制两次建筑物，如图 11-60 所示。单击"确定"按钮，建筑物的透视变形效果如图 11-61 所示。

图 11-59

图 11-60

在"消失点"对话框中，透视平面显示为蓝色时为有效的平面；显示为红色时为无效的平面，无法计算平面的长宽比，也无法拉出垂直平面；显示为黄色时为无效的平面，无法解析平面的所有消失点，如图 11-62 所示。

图 11-61

蓝色透视平面

红色透视平面

黄色透视平面

图 11-62

11.3.9 "风格化"滤镜组

"风格化"滤镜组可以产生印象派以及其他风格画派的效果，是完全模拟真实艺术手法进行创作的。"风格化"子菜单如图 11-63 所示。应用不同的滤镜制作出的效果如图 11-64 所示。

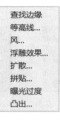

图 11-63

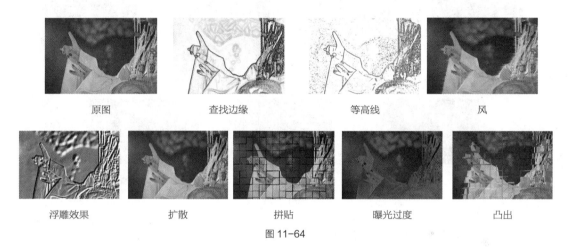

原图　　　　　　查找边缘　　　　　　等高线　　　　　　风

浮雕效果　　　　扩散　　　　　　拼贴　　　　　曝光过度　　　　　凸出

图 11-64

11.3.10 "模糊"滤镜组

"模糊"滤镜组可以使图像中过于清晰或对比强烈的区域产生模糊效果，也可以制作出柔和的阴影。"模糊"子菜单如图 11-65 所示。应用不同的滤镜制作出的效果如图 11-66 所示。

图 11-65

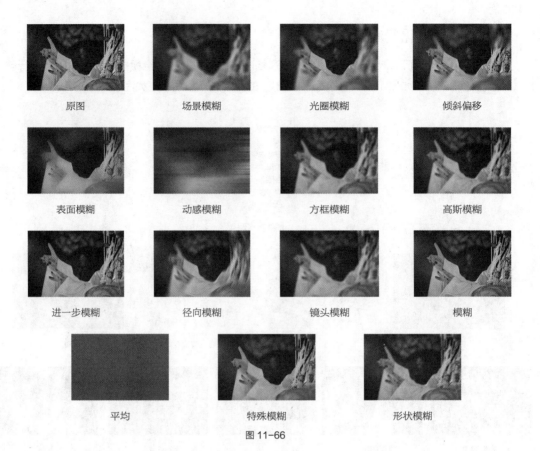

图 11-66

11.3.11　课堂案例——制作素描图像

【案例学习目标】学习使用"特殊模糊"滤镜制作需要的效果。

【案例知识要点】使用"特殊模糊"滤镜和反相组合键制作素描图像，使用"色阶"命令调整图像颜色，最终效果如图 11-67 所示。

【效果所在位置】Ch11\效果\制作素描图像.psd。

图 11-67

制作素描图像

（1）按 Ctrl+O 组合键，打开云盘中的"Ch11 > 素材 > 制作素描图像 > 01"文件，如图 11-68 所示。将"背景"图层拖曳到"图层"控制面板下方的"创建新图层"按钮 ⬜ 上进行复制，生成新的图层"背景 副本"，如图 11-69 所示。

图 11-68　　　　　　　　　　　　　　图 11-69

（2）选择"滤镜 > 模糊 > 特殊模糊"命令，在弹出的对话框中进行设置，如图 11-70 所示，单击"确定"按钮，效果如图 11-71 所示。按 Ctrl+I 组合键，对图像进行反相操作，效果如图 11-72 所示。

图 11-70　　　　　　　　　图 11-71　　　　　　　　　图 11-72

（3）单击"图层"控制面板下方的"创建新的填充或调整图层"按钮 ，在弹出的菜单中选择"色阶"命令，"图层"控制面板中会生成"色阶 1"图层，同时在弹出的控制面板中进行设置，如图 11-73 所示，按 Enter 键确认操作，图像效果如图 11-74 所示。素描图像制作完成。

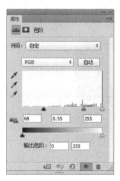

图 11-73　　　　　　　　　　　　　　图 11-74

11.3.12 "扭曲"滤镜组

"扭曲"滤镜组可以生成一组变形效果。"扭曲"子菜单如图 11-75 所示。应用不同的滤镜制作出的效果如图 11-76 所示。

图 11-75

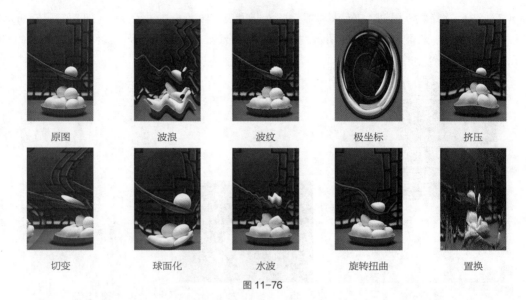

| 原图 | 波浪 | 波纹 | 极坐标 | 挤压 |

| 切变 | 球面化 | 水波 | 旋转扭曲 | 置换 |

图 11-76

11.3.13　课堂案例——制作彩妆网店详情页主图

【案例学习目标】学习使用"极坐标"滤镜、"风"滤镜和模糊滤镜制作粒子光。

【案例知识要点】使用填充组合键和图层样式制作背景色，使用"椭圆选框"工具、"描边"命令、"极坐标"滤镜和"用画笔描边路径"按钮制作粒子光，最终效果如图 11-77 所示。

制作彩妆网店
详情页主图

图 11-77

【效果所在位置】Ch11\效果\制作彩妆网店详情页主图.psd

（1）按 Ctrl+N 组合键，弹出"新建"对话框，设置宽度为 800 像素，高度为 800 像素，分辨率为 72 像素/英寸，颜色模式为 RGB，背景内容为白色，单击"确定"按钮，新建一个文件。

（2）新建图层并将其命名为"背景色"。将前景色设置为红色（211、0、0）。按 Alt+Delete 组合键，用前景色填充图层，效果如图 11-78 所示。

（3）单击"图层"控制面板下方的"添加图层样式"按钮 _fx_，在弹出的菜单中选择"内阴影"命令，弹出对话框，将阴影颜色设置为黑色，其他选项的设置如图 11-79 所示，单击"确定"按钮，效果如图 11-80 所示。

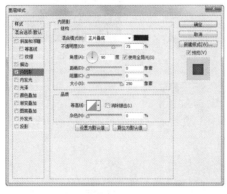

图 11-78　　　　　　　　　　　　图 11-79　　　　　　　　　　　　图 11-80

（4）新建图层并将其命名为"外光圈"。选择"椭圆选框"工具 ◯，按住 Shift 键的同时，在图像窗口中绘制一个圆形选区，如图 11-81 所示。选择"编辑 > 描边"命令，弹出对话框，将描边颜色设置为白色，其他选项的设置如图 11-82 所示，单击"确定"按钮。按 Ctrl+D 组合键，取消选区，效果如图 11-83 所示。

图 11-81　　　　　　　　　　　　图 11-82　　　　　　　　　　　　图 11-83

（5）选择"滤镜 > 扭曲 > 极坐标"命令，在弹出的对话框中进行设置，如图 11-84 所示，单击"确定"按钮，效果如图 11-85 所示。选择"图像 > 图像旋转 > 逆时针 90 度"命令，旋转图像，效果如图 11-86 所示。

（6）选择"滤镜 > 风格化 > 风"命令，在弹出的对话框中进行设置，如图 11-87 所示，单击"确定"按钮，效果如图 11-88 所示。按 Ctrl+F 组合键，重复使用"风"滤镜，效果如图 11-89 所示。

（7）选择"图像 > 图像旋转 > 顺时针 90 度"命令，旋转图像，效果如图 11-90 所示。选择"滤镜 > 扭曲 > 极坐标"命令，在弹出的对话框中进行设置，如图 11-91 所示，单击"确定"按钮，效果如图 11-92 所示。

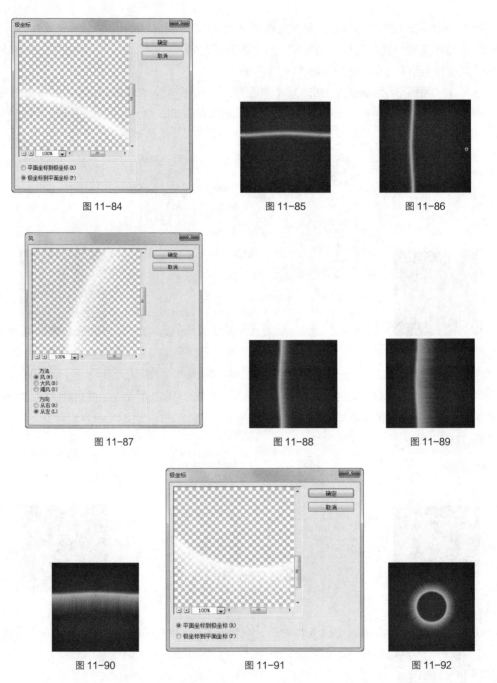

图 11-84 　　　　　　 图 11-85 　　　　　　 图 11-86

图 11-87 　　　　　　 图 11-88 　　　　　　 图 11-89

图 11-90 　　　　　　 图 11-91 　　　　　　 图 11-92

　　（8）按住 Ctrl 键的同时，单击"图层"控制面板下方的"创建新图层"按钮 ，在"外光圈"图层下方新建一个图层，并将其重命名为"内光圈"。将前景色设置为白色。选择"椭圆选框"工具 ，将属性栏中的"羽化"选项设置为 6 像素，按住 Shift 键的同时，在适当的位置绘制一个圆形。按 Alt+Delete 组合键，用前景色填充选区。按 Ctrl+D 组合键，取消选区，效果如图 11-93 所示。

　　（9）选择"滤镜 > 模糊 > 径向模糊"命令，在弹出的对话框中进行设置，如图 11-94 所示，单击"确定"按钮，效果如图 11-95 所示。

图 11-93　　　　　　　　　　图 11-94　　　　　　　　　　图 11-95

（10）在"图层"控制面板中，按住 Shift 键的同时单击"外光圈"图层，将需要的图层同时选取。按 Ctrl+E 组合键，合并图层并将其重命名为"光"，如图 11-96 所示。

（11）单击"图层"控制面板下方的"添加图层样式"按钮 *fx*，在弹出的菜单中选择"内发光"命令，弹出对话框，将发光颜色设置为黄色（235、233、182），其他选项的设置如图 11-97 所示。

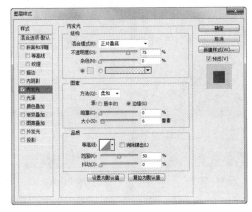

图 11-96　　　　　　　　　　　　　　　图 11-97

（12）选择"外发光"选项，切换到相应的面板，将发光颜色设置为红色（255、0、0），其他选项的设置如图 11-98 所示，单击"确定"按钮，效果如图 11-99 所示。

（13）新建图层并将其命名为"外发光"。选择"椭圆"工具 ●，将属性栏中的"选择工具模式"选项设置为"路径"，按住 Shift 键的同时，在适当的位置绘制一个圆形路径，如图 11-100 所示。

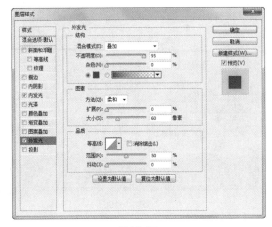

图 11-98　　　　　　　　　　图 11-99　　　　　　　　　　图 11-100

（14）选择"画笔"工具 ，在属性栏中单击"切换画笔面板"按钮 ，弹出"画笔"控制面板，选择"画笔笔尖形状"选项，各选项的设置如图 11-101 所示。选择"形状动态"选项，切换到相应的面板，各选项的设置如图 11-102 所示。

（15）选择"散布"选项，切换到相应的面板，各选项的设置如图 11-103 所示。单击"路径"控制面板下方的"用画笔描边路径"按钮 ，对路径进行描边。按 Delete 键删除该路径，图像效果如图 11-104 所示。

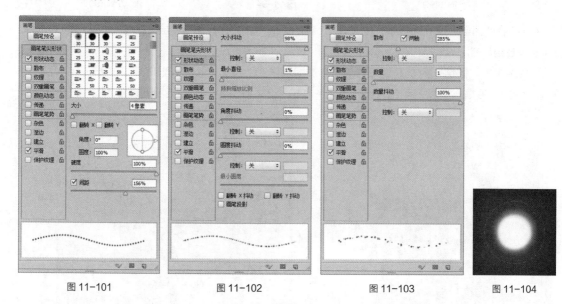

| 图 11-101 | 图 11-102 | 图 11-103 | 图 11-104 |

（16）单击"图层"控制面板下方的"添加图层样式"按钮 fx，在弹出的菜单中选择"内发光"命令，弹出对话框，将发光颜色设置为橘红色（255、94、31），其他选项的设置如图 11-105 所示。选择"外发光"选项，切换到相应的面板，将发光颜色设置为红色（255、0、6），其他选项的设置如图 11-106 所示，单击"确定"按钮。

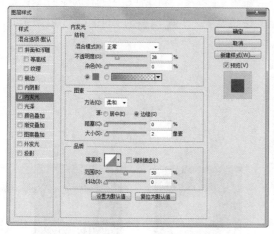

图 11-105

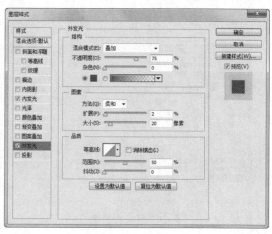

图 11-106

（17）按 Ctrl+J 组合键，复制图层，生成"外发光 副本"图层。按 Ctrl+T 组合键，图像周围会出现变换框，按住 Alt+Shift 组合键的同时，向内拖曳右上角的控制手柄以等比例缩小图形，按 Enter 键确认操作，效果如图 11-107 所示。

（18）用相同的方法复制多个图形并分别等比例缩小图形，效果如图 11-108 所示。在"图层"控制面板中，按住 Shift 键的同时单击"外发光 副本 2"图层，将需要的图层同时选取。按 Ctrl+E 组合键，合并图层并将其重命名为"内光"，如图 11-109 所示。

图 11-107   图 11-108   图 11-109

（19）按 Ctrl+J 组合键，复制"内光"图层。选择"滤镜 > 模糊 > 高斯模糊"命令，在弹出的对话框中进行设置，如图 11-110 所示，单击"确定"按钮，效果如图 11-111 所示。

（20）按 Ctrl+O 组合键，打开云盘中的"Ch11 > 素材 > 制作彩妆网店详情页主图 > 01、02"文件。选择"移动"工具 ，将 01 和 02 图像分别拖曳到新建的图像窗口中适当的位置，效果如图 11-112 所示。"图层"控制面板中会分别生成新的图层并将它们分别重命名为"化妆品"和"文字"。彩妆网店详情页主图制作完成。

图 11-110   图 11-111   图 11-112

11.3.14 "锐化"滤镜组

"锐化"滤镜组可以通过生成更大的对比度来使图像清晰并增强图像的轮廓，减少图像修改后产生的模糊效果。"锐化"子菜单如图 11-113 所示。应用锐化滤镜组制作的图像效果如图 11-114 所示。

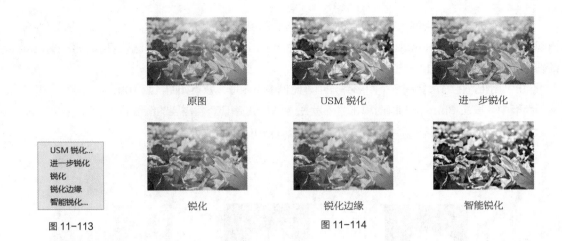

图 11-113 （菜单：USM 锐化... / 进一步锐化 / 锐化 / 锐化边缘 / 智能锐化...）

原图　USM 锐化　进一步锐化

锐化　锐化边缘　智能锐化

图 11-114

11.3.15 "视频"滤镜组

"视频"滤镜组属于 Photoshop CS6 的外部接口程序。它是一组控制视频工具的滤镜，用来从相机输入图像或将图像输出到录像带上。

11.3.16 "像素化"滤镜组

"像素化"滤镜组可以将图像分块或将图像平面化。"像素化"子菜单如图 11-115 所示。应用不同的滤镜制作出的效果如图 11-116 所示。

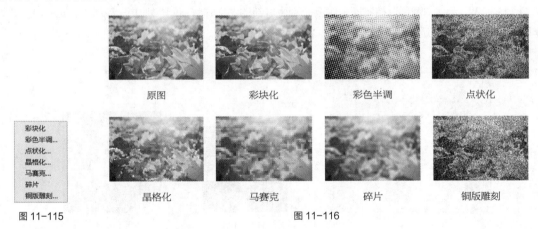

原图　彩块化　彩色半调　点状化

晶格化　马赛克　碎片　铜版雕刻

图 11-115 （菜单：彩块化 / 彩色半调... / 点状化... / 晶格化... / 马赛克... / 碎片 / 铜版雕刻...）

图 11-116

11.3.17 "渲染"滤镜组

"渲染"滤镜组可以在图片中产生不同的光源效果和夜景效果。"渲染"子菜单如图 11-117 所示。应用不同的滤镜制作出的效果如图 11-118 所示。

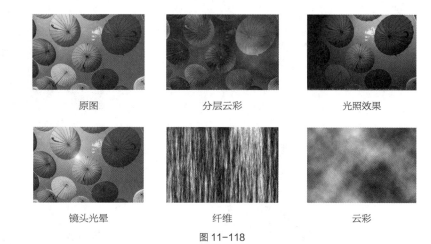

原图	分层云彩	光照效果

分层云彩
光照效果...
镜头光晕...
纤维...
云彩...

镜头光晕	纤维	云彩

图 11-117   图 11-118

11.3.18　课堂案例——制作摄影摄像类公众号封面首图

【案例学习目标】学习使用像素化和渲染滤镜制作公众号封面首图。

【案例知识要点】使用"彩色半调"滤镜制作网点图像,使用"高斯模糊"滤镜和混合模式调整图像效果,使用"镜头光晕"滤镜添加光晕,最终效果如图 11-119 所示。

【效果所在位置】Ch11\效果\制作摄影摄像类公众号封面首图.psd。

制作摄影摄像类
公众号封面首图

图 11-119

（1）按 Ctrl＋O 组合键,打开云盘中的"Ch11 > 素材 > 制作摄影摄像类公众号封面首图 > 01"文件,如图 11-120 所示。按 Ctrl+J 组合键,复制图层,如图 11-121 所示。

图 11-120

图 11-121

（2）选择"滤镜 > 像素化 > 彩色半调"命令,在弹出的对话框中进行设置,如图 11-122 所示,单击"确定"按钮,效果如图 11-123 所示。

图 11-122

图 11-123

（3）选择"滤镜 > 模糊 > 高斯模糊"命令，在弹出的对话框中进行设置，如图 11-124 所示，单击"确定"按钮，效果如图 11-125 所示。

图 11-124

图 11-125

（4）在"图层"控制面板的上方，将该图层的混合模式设置为"正片叠底"，如图 11-126 所示，图像效果如图 11-127 所示。

（5）选择"背景"图层。按 Ctrl+J 组合键，复制"背景"图层，生成新的图层并将其拖曳到"图层 1"的上方，如图 11-128 所示。

图 11-126

图 11-127

图 11-128

（6）按 D 键，恢复默认前景色和背景色。选择"滤镜 > 滤镜库"命令，在弹出的对话框中进行设置，如图 11-129 所示，单击"确定"按钮，效果如图 11-130 所示。

图 11-129

图 11-130

（7）选择"滤镜 > 渲染 > 镜头光晕"命令，在弹出的对话框中进行设置，如图 11-131 所示，单击"确定"按钮，效果如图 11-132 所示。

图 11-131

图 11-132

（8）在"图层"控制面板的上方，将"背景 副本"图层的混合模式设置为"强光"，如图 11-133 所示，图像效果如图 11-134 所示。

图 11-133

图 11-134

（9）选择"背景"图层。按 Ctrl+J 组合键，复制"背景"图层，生成新的图层"背景 副本 2"。按住 Shift 键的同时，选择"背景 副本"图层和"背景 副本 2"图层及它们之间的所有图层。按 Ctrl+E 组合键，合并图层并将其重命名为"效果"，如图 11-135 所示。

（10）按 Ctrl+N 组合键，打开"新建"对话框，设置宽度为 1175 像素，高度为 500 像素，分辨率为 72 像素/英寸，颜色模式为 RGB，背景内容为白色，单击"确定"按钮，新建一个文件。选择 01 图像窗口中的"效果"图层。选择"移动"工具 ⊕，将图像拖曳到新建的图像窗口中适当的位置，效果如图 11-136 所示，"图层"控制面板中会生成新的图层。

图 11-135

图 11-136

（11）按 Ctrl+O 组合键，打开云盘中的"Ch11 > 素材 > 制作摄影摄像类公众号封面首图 > 02"文件。选择"移动"工具 ⊕，将 02 图像拖曳到新建的图像窗口中适当的位置，效果如图 11-137 所示，

"图层"控制面板中会生成新的图层，将其重命名为"文字"。摄影摄像类公众号封面首图制作完成。

图 11-137

11.3.19　"杂色"滤镜组

图 11-138

"杂色"滤镜组可以以混合干扰的方式制作出着色像素图案的纹理。"杂色"子菜单如图 11-138 所示。应用不同的滤镜制作出的效果如图 11-139 所示。

原图

减少杂色

蒙尘与划痕

去斑

添加杂色

中间值

图 11-139

11.3.20　"其他"滤镜组

图 11-140

"其他"滤镜组不同于其他滤镜组，在此滤镜组中，用户可以创建自己的特殊效果滤镜。"其他"子菜单如图 11-140 所示。应用不同的滤镜制作出的效果如图 11-141 所示。

原图

高反差保留

位移

图 11-141

自定

最大值

最小值

图 11-141（续）

11.3.21 课堂案例——制作淡彩钢笔画

【案例学习目标】学习使用滤镜库中的"照亮边缘"滤镜和"中间值"滤镜制作需要的效果。

【案例知识要点】使用反相组合键、"照亮边缘"滤镜、图层混合模式和"中间值"滤镜制作淡彩钢笔画，最终效果如图 11-142 所示。

【效果所在位置】Ch11\效果\制作淡彩钢笔画.psd

图 11-142

制作淡彩钢笔画

（1）按 Ctrl + O 组合键，打开云盘中的"Ch11 > 素材 > 制作淡彩钢笔画 > 01"文件，如图 11-143 所示。将"背景"图层拖曳到"图层"控制面板下方的"创建新图层"按钮 上进行复制，生成新的图层"背景 副本"。选择"滤镜 > 杂色 > 中间值"命令，在弹出的对话框中进行设置，如图 11-144 所示，单击"确定"按钮。

图 11-143

图 11-144

（2）再次将"背景"图层拖曳到"图层"控制面板下方的"创建新图层"按钮 上进行复制，生成新的图层"背景 副本 2"。将"背景 副本 2"图层拖曳到"背景 副本"图层的上方，并将该图层的混合模式设置为"叠加"，如图 11-145 所示，图像效果如图 11-146 所示。

图 11-145

图 11-146

（3）选择"滤镜 > 滤镜库"命令，在弹出的对话框中进行设置，如图 11-147 所示，单击"确定"按钮。按 Ctrl+I 组合键，对图像进行反相操作，效果如图 11-148 所示。淡彩钢笔画制作完成。

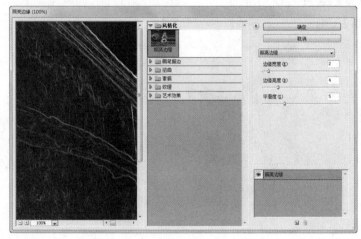
图 11-147

图 11-148

11.3.22 "Digimarc"滤镜组

"Digimarc"滤镜组中的滤镜用于将数字水印嵌入图像中以存储版权信息，"Digimarc"子菜单如图 11-149 所示。

> 读取水印...
> 嵌入水印...

图 11-149

11.4 滤镜的使用技巧

掌握滤镜的使用技巧，有利于快速、准确地使用滤镜为图像添加不同的效果。

11.4.1　重复使用滤镜

如果在使用一次滤镜后效果不理想，可以重复使用滤镜。方法是直接按 Ctrl+F 组合键。重复使用"动感模糊"滤镜的不同效果如图 11-150 所示。

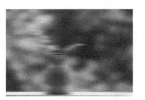

图 11-150

11.4.2　对通道使用滤镜

分别对图像的各个通道使用滤镜，其效果和对图像使用滤镜的效果是一样的。对图像的单个通道使用滤镜，可以得到较好的效果。对图像的单个通道使用滤镜前后的效果如图 11-151 所示。

图 11-151

11.4.3　对图像的局部使用滤镜

对图像的局部使用滤镜是常用的处理图像的方法。在要应用滤镜的图像上绘制选区，如图 11-152 所示，对选区中的图像使用"玻璃"滤镜，效果如图 11-153 所示。

图 11-152　　　　　　　　　　　　　　　图 11-153

如果将选区羽化后再使用滤镜，就可以得到与原图融为一体的效果。在"羽化选区"对话框中设置"羽化半径"选项，如图 11-154 所示，将选区羽化后再使用滤镜得到的效果如图 11-155 所示。

图 11-154　　　　　　　　　　　　　　　图 11-155

11.4.4 对滤镜效果进行调整

对图像应用"径向模糊"滤镜后，效果如图 11-156 所示。按 Shift+Ctrl+F 组合键，弹出"渐隐"对话框，调整不透明度并选择模式，如图 11-157 所示，单击"确定"按钮，滤镜效果会产生变化，如图 11-158 所示。

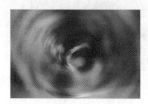  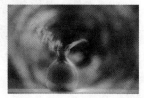

图 11-156   图 11-157   图 11-158

课后习题——制作家用电器类公众号封面首图

【习题知识要点】使用"移动"工具添加边框、热水壶和文字，使用"USM 锐化"滤镜调整热水壶的清晰度，最终效果如图 11-159 所示。

【效果所在位置】Ch13\效果\制作家用电器类公众号封面首图.psd。

图 11-159

制作家用电器类
公众号封面首图

12

第 12 章
动作的制作

本章介绍

在"动作"控制面板中，Photoshop CS6 提供了多种动作，应用这些动作可以快捷地制作出多种实用的图像效果。本章将详细讲解记录并应用动作的方法和技巧。读者学习本章后应熟练掌握动作的应用方法和操作技巧，并能够根据设计任务的需要自建动作，提高图像的编辑效率。

学习目标

- ✔ 了解"动作"控制面板并掌握动作的应用技巧。
- ✔ 掌握创建动作的方法。

技能目标

- ✔ 掌握"媒体娱乐类公众号封面首图"的制作技巧。
- ✔ 掌握"传统文化类公众号封面首图"的制作技巧。

素养目标

- ✔ 加深对中华传统文化的了解。
- ✔ 培养举一反三的学习能力。

12.1 "动作"控制面板

　　"动作"控制面板可以用来对一批需要进行相同处理的图像执行批处理操作，以减少重复操作的麻烦。

　　选择"窗口 > 动作"命令，或按 Alt+F9 组合键，弹出图 12-1 所示的"动作"控制面板。

　　在"动作"控制面板中，1 用于开/关当前默认动作组下的所有命令，2 用于开/关当前默认动作组下的所有对话框，3 用于折叠命令清单按钮，4 用于展开命令清单按钮。控制面板下方的按钮 ■ ● ▶ ▢ ◻ 🗑 由左至右依次为"停止播放/记录"按钮 ■、"开始记录"按钮 ●、"播放选定的动作"按钮 ▶ 、"创建新组"按钮 □ 、"创建新动作"按钮 □ 和"删除"按钮 🗑 。

单击"动作"控制面板右上方的 ▼ 图标，弹出"动作"控制面板的菜单，如图 12-2 所示。下面是各个命令的介绍。

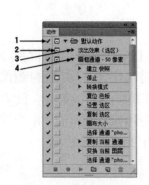

图 12-1

图 12-2

"按钮模式"命令：用于设置"动作"控制面板的显示方式，可以选择以列表的方式显示或以按钮的方式显示，效果如图 12-3 所示。

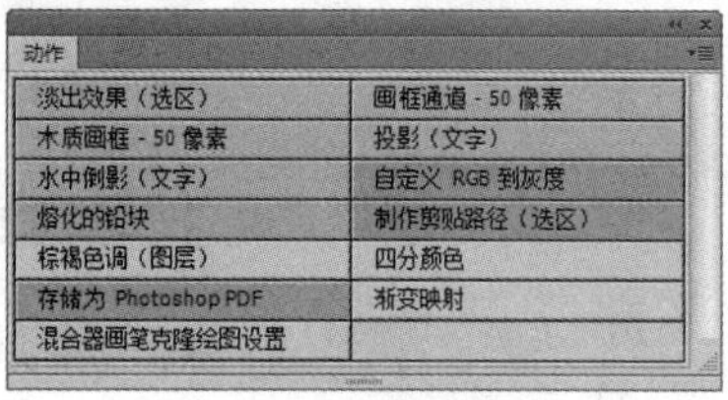

"新建动作"命令：用于新建动作并开始录制新的动作。

"新建组"命令：用于进行新建序列设置。

"复制"命令：用于复制"动作"控制面板中的当前动作，使其成为新的动作。

图 12-3

"删除"命令：用于删除"动作"控制面板中高亮显示的动作。

"播放"命令：用于执行"动作"控制面板中所记录的操作步骤。

"开始记录"命令：用于开始录制新的动作。

"再次记录"命令：用于重新录制"动作"控制面板中的当前动作。

"插入菜单项目"命令：用于在当前的"动作"控制面板中插入菜单选项，在执行动作时此菜单选项将被执行。

"插入停止"命令：用于在当前的"动作"控制面板中插入停止命令，在执行动作遇到此命令时将弹出一个对话框，用于确定是否继续执行。

"插入路径"命令：用于在当前的"动作"控制面板中插入路径。

"动作选项"命令：用于设置当前的动作选项。

"回放选项"命令：用于设置动作执行的性能。选择此命令，弹出图 12-4 所示的"回放选项"对话框。在对话框中，"加速"选项用于快速地按顺序执行"动作"控制面板中的动作；"逐步"选项用于逐步地执行"动作"控制面板中

图 12-4

的动作；"暂停"选项用于设置两个动作之间的延迟秒数。

"清除全部动作"命令：用于清除"动作"控制面板中的所有动作。

"复位动作"命令：用于恢复"动作"控制面板到初始状态。

"载入动作"命令：用于从硬盘中载入已保存的动作文件。

"替换动作"命令：用于从硬盘中载入并替换当前的动作文件。

"存储动作"命令：用于保存当前的动作。

"命令"及下方的命令为配置的动作。

"动作"控制面板提供了灵活、便捷的工作方式，只需建立好自己的动作，然后将千篇一律的工作交给它去完成即可。在建立动作之前，首先应选择"清除全部动作"命令清除或保存已有的动作，然后再选择"新建动作"命令并在弹出的对话框中输入相关的参数，最后单击"确定"按钮。

12.2 记录并应用动作

在"动作"控制面板中，可以非常便捷地记录并应用动作。

打开一个图像，如图 12-5 所示。在"动作"控制面板的菜单中选择"新建动作"命令，弹出"新建动作"对话框，进行图 12-6 所示的设置。单击"记录"按钮，"动作"控制面板中会出现"动作 1"，如图 12-7 所示。

图 12-5　　　　　　　　　　图 12-6　　　　　　　　　　图 12-7

在"图层"控制面板中新建"图层 1"，如图 12-8 所示，"动作"控制面板中会记录下新建"图层 1"的动作，如图 12-9 所示。

在"图层 1"中绘制出渐变效果，如图 12-10 所示，"动作"控制面板中会记录下绘制渐变的动作，如图 12-11 所示。

在"图层"控制面板中设置图层的混合模式为"滤色"，如图 12-12 所示。"动作"控制面板中会记录下选择模式的动作，如图 12-13 所示。

图像编辑完的效果如图 12-14 所示，在"动作"控制面板的菜单中选择"停止记录"命令，"动作 1"记录完成，如图 12-15 所示。

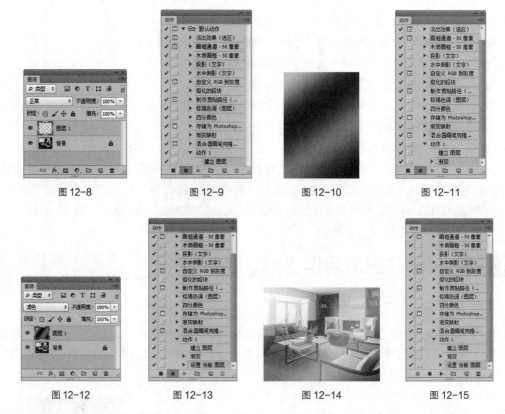

图 12-8　　　　　　　图 12-9　　　　　　　图 12-10　　　　　　　图 12-11

图 12-12　　　　　　　图 12-13　　　　　　　图 12-14　　　　　　　图 12-15

图像的编辑过程被记录在"动作1"中，"动作1"中的编辑过程可以应用到其他图像中。

打开一个图像，如图 12-16 所示。在"动作"控制面板中选择"动作1"，如图 12-17 所示。单击"播放选定的动作"按钮 ▶ ，图像的编辑过程和效果就是刚才编辑图像时的过程和效果，最终效果如图 12-18 所示。

图 12-16　　　　　　　图 12-17　　　　　　　图 12-18

12.2.1　课堂案例——制作媒体娱乐类公众号封面首图

【案例学习目标】学习使用"动作"控制面板调整图像颜色。

【案例知识要点】使用外挂动作制作公众号封面底图，最终效果如图 12-19 所示。

【效果所在位置】Ch12\效果\制作媒体娱乐类公众号封面首图.psd。

制作媒体娱乐类
公众号封面首图

图 12-19

（1）按 Ctrl＋O 组合键，打开云盘中的"Ch12 > 素材 > 制作媒体娱乐类公众号封面首图 > 01"文件，如图 12-20 所示。选择"窗口 > 动作"命令，弹出"动作"控制面板，如图 12-21 所示。

图 12-20   图 12-21

（2）单击控制面板右上方的 图标，在弹出的菜单中选择"载入动作"命令，在弹出的对话框中选择云盘中的"Ch12 > 素材 > 制作媒体娱乐类公众号封面首图 > 02"文件，单击"载入"按钮，载入动作，如图 12-22 所示。单击"09"动作组左侧的 按钮，查看动作应用的步骤，如图 12-23 所示。

图 12-22   图 12-23

（3）选择"动作"控制面板中新动作的第一步，单击下方的"播放选定的动作"按钮 ，效果如图 12-24 所示。

（4）按 Ctrl+O 组合键，打开云盘中的"Ch12 > 素材 > 制作媒体娱乐类公众号封面首图 > 03"文件。选择"移动"工具 ，将 03 图片拖曳到 01 图像窗口中，效果如图 12-25 所示，"图层"控制面板中会生成新图层，将其重命名为"文字"。媒体娱乐类公众号封面首图制作完成。

图 12-24   图 12-25

12.2.2　课堂案例——制作传统文化类公众号封面首图

【案例学习目标】学习使用"动作"控制面板创建动作。

【案例知识要点】使用"色相/饱和度"命令、"亮度/对比度"命令和"照片滤镜"命令调整图像颜色，使用合并图层组合键和"阈值"命令制作黑白图片，使用图层的混合模式和"不透明度"选项制作特殊效果，使用"动作"控制面板记录动作，最终效果如图 12-26 所示。

【效果所在位置】Ch12\效果\制作传统文化类公众号封面首图.psd。

制作传统文化类
公众号封面首图

图 12-26

（1）按 Ctrl+N 组合键，弹出"新建"对话框，设置宽度为 900 像素，高度为 383 像素，分辨率为 72 像素/英寸，颜色模式为 RGB，背景内容为白色，单击"确定"按钮，新建一个文件。

（2）按 Ctrl+O 组合键，打开云盘中的"Ch12 > 素材 > 制作传统文化类公众号封面首图 > 01"文件。选择"移动"工具，将 01 图片拖曳到新建的图像窗口中适当的位置并调整其大小，效果如图 12-27 所示，"图层"控制面板中会生成新的图层，将其重命名为"图片"。

（3）选择"窗口 > 动作"命令，弹出控制面板，单击控制面板下方的"创建新动作"按钮，弹出"新建动作"对话框，如图 12-28 所示，单击"记录"按钮。

图 12-27　　　　　　　　　　　　　　　　　图 12-28

（4）单击"图层"控制面板下方的"创建新的填充或调整图层"按钮，在弹出的菜单中选择"色相/饱和度"命令，"图层"控制面板中会生成"色相/饱和度 1"图层，同时在弹出的控制面板中进行设置，如图 12-29 所示，按 Enter 键确认操作，效果如图 12-30 所示。

图 12-29　　　　　　　　　　　　　　　　　图 12-30

（5）单击"图层"控制面板下方的"创建新的填充或调整图层"按钮 ，在弹出的菜单中选择"亮度/对比度"命令，"图层"控制面板中会生成"亮度/对比度 1"图层，同时在弹出的控制面板中进行设置，如图 12-31 所示，按 Enter 键确认操作，效果如图 12-32 所示。

图 12-31

图 12-32

（6）单击"图层"控制面板下方的"创建新的填充或调整图层"按钮 ，在弹出的菜单中选择"照片滤镜"命令，"图层"控制面板中会生成"照片滤镜 1"图层，同时在弹出的控制面板中进行设置，如图 12-33 所示，按 Enter 键确认操作，效果如图 12-34 所示。

图 12-33

图 12-34

（7）按 Alt+Shift+Ctrl+E 组合键，向下合并可见图层，生成新的图层并将其重命名为"黑白"。选择"图像 > 调整 > 阈值"命令，在弹出的对话框中进行设置，如图 12-35 所示，单击"确定"按钮，效果如图 12-36 所示。

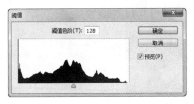

图 12-35

图 12-36

（8）在"图层"控制面板上方，将该图层的混合模式设置为"柔光"，"不透明度"选项设置为 50%，如图 12-37 所示，按 Enter 键确认操作，效果如图 12-38 所示。单击"动作"控制面板下方的"停止播放/记录"按钮 ，停止动作的录制。

（9）按 Ctrl＋O 组合键，打开云盘中的"Ch12 > 素材 > 制作传统文化类公众号封面首图 > 02"文件。选择"移动"工具 ，将图片拖曳到图像窗口中适当的位置，效果如图 12-39 所示，"图层"控制面板中会生成新的图层，将其重命名为"文字"。传统文化类公众号封面首图制作完成。

图 12-37

图 12-38

图 12-39

课后习题——制作阅读类公众号封面次图

【习题知识要点】使用"动作"控制面板中的"油彩蜡笔"命令制作蜡笔效果，最终效果如图 12-40 所示。

【效果所在位置】Ch12\效果\制作阅读类公众号封面次图.psd。

图 12-40

制作阅读类
公众号封面次图

第13章
综合应用案例

本章介绍

本章将通过多个图像处理案例和商业应用案例，进一步讲解 Photoshop CS6 各大功能的特色和使用技巧，让读者能够快速地掌握软件功能和知识要点，制作出变化丰富的设计作品。

学习目标

- ✔ 掌握软件基础知识的应用方法。
- ✔ 了解 Photoshop CS6 的常用设计领域。
- ✔ 掌握 Photoshop CS6 在不同设计领域的使用技巧。

技能目标

- ✔ 掌握"时钟图标"的制作方法。
- ✔ 掌握"女包类 App 主页 Banner"的制作方法。
- ✔ 掌握"滋养精华露海报"的制作方法。
- ✔ 掌握"化妆美容图书封面"的制作方法。
- ✔ 掌握"冰淇淋包装"的制作方法。
- ✔ 掌握"生活家具类网站首页"的制作方法。

素养目标

- ✔ 培养融会贯通的学习能力。
- ✔ 培养创新思维。
- ✔ 提高商业敏感度。

13.1 图标设计——制作时钟图标

【案例学习目标】学习使用多种路径绘制工具以及图层样式绘制时钟图标。

【案例知识要点】使用"椭圆"工具、"减去顶层形状"命令和"添加图层样式"按钮绘制表盘，使用"圆角矩形"工具、"矩形"工具和"创建剪贴蒙版"命令绘制指针和刻度，使用"钢笔"工具、"图层"控制面板和"渐变"工具制作投影，最终效果如图13-1所示。

【效果所在位置】Ch13\效果\制作时钟图标.psd。

制作时钟图标

图13-1

课堂练习——制作记事本图标

【练习知识要点】使用"椭圆"工具、图层样式、"矩形"工具和"圆角矩形"工具绘制记事本，使用"矩形"工具、"属性"控制面板、"多边形"工具、剪贴蒙版和图层样式绘制铅笔，使用"钢笔"工具、"图层"控制面板和"渐变"工具制作投影，最终效果如图13-2所示。

【效果所在位置】Ch13\效果\制作记事本图标.psd。

制作记事本图标

图13-2

课后习题——制作画板图标

【习题知识要点】使用"椭圆"工具和图层样式绘制颜料盘，使用"钢笔"工具、"矩形"工具、剪贴蒙版和"投影"命令绘制画笔，使用"钢笔"工具、"图层"控制面板和"渐变"工具制作投影，最终效果如图13-3所示。

【效果所在位置】Ch13\效果\制作画板图标.psd。

制作画板图标

图13-3

13.2 Banner 设计——制作女包类 App 主页 Banner

【案例学习目标】学习使用调整图层和文字工具制作主页 Banner。

【案例知识要点】使用"移动"工具添加素材图片，使用"色阶""色相/饱和度""亮度/对比度"命令调整图片颜色，使用"横排文字"工具添加广告文案，最终效果如图 13-4 所示。

【效果所在位置】Ch13\效果\制作女包类 App 主页 Banner.psd。

制作女包类 App
主页 Banner

图 13-4

课堂练习——制作空调扇广告 Banner

【练习知识要点】使用"椭圆"工具和"高斯模糊"滤镜为空调扇添加投影效果，使用"色阶"命令调整图片颜色，使用"圆角矩形"工具、"横排文字"工具和"字符"控制面板添加产品品牌及相关功能文字，最终效果如图 13-5 所示。

【效果所在位置】Ch13\效果\制作空调扇广告 Banner.psd。

制作空调扇
广告 Banner

图 13-5

课后习题——制作电商平台 App 主页 Banner

【习题知识要点】使用"快速选择"工具绘制选区，使用"反选"命令反选图像，使用"移动"工具移动选区中的图像，使用"横排文字"工具添加宣传文字，最终效果如图 13-6 所示。

【效果所在位置】Ch13\效果\制作电商平台 App 主页 Banner.psd。

制作电商平台
App 主页 Banner

图 13-6

13.3　海报设计——制作滋养精华露海报

【案例学习目标】学习使用绘图工具、蒙版和文字工具制作海报。

【案例知识要点】使用"矩形"工具绘制图形，使用"置入"命令置入图像，使用剪贴蒙版调整图像显示区域，使用"亮度/对比度"命令为图像调色，使用"横排文字"工具输入文字内容，使用"渐变叠加"命令为图形添加效果，最终效果如图 13-7 所示。

【效果所在位置】Ch13\效果\制作滋养精华露海报.psd。

制作滋养精华露
海报

图 13-7

课堂练习——制作实木双人床海报

【练习知识要点】使用"新建参考线"命令建立参考线，使用"矩形"工具绘制背景，使用"置入"命令置入图片，使用图层样式制作投影效果，使用"横排文字"工具添加宣传文字，使用"圆角矩形"工具绘制图形，最终效果如图 13-8 所示。

【效果所在位置】Ch13\效果\制作实木双人床海报.psd。

制作实木双人床
海报

图 13-8

课后习题——制作牙膏海报

【习题知识要点】使用"渐变"工具和图层蒙版合成背景图像，使用"横排文字"工具、"钢笔"工具和图层样式制作广告语，使用"横排文字"工具和"描边"命令添加小标题，最终效果如图13-9所示。

【效果所在位置】Ch13\效果\制作牙膏海报.psd。

制作牙膏海报 1　　制作牙膏海报 2

图 13-9

13.4　图书封面设计——制作化妆美容图书封面

【案例学习目标】学习使用参考线、绘图工具、蒙版和文字工具制作图书封面。

【案例知识要点】使用"新建参考线"命令添加参考线，使用剪贴蒙版和"矩形"工具制作图像显示效果，使用"横排文字"工具和图层样式制作标题文字，使用"移动"工具添加素材图片，使用"直线"工具绘制装饰线，最终效果如图13-10所示。

制作化妆美容　　制作化妆美容　　制作化妆美容
图书封面 1　　　图书封面 2　　　图书封面 3

图 13-10

【效果所在位置】Ch13\效果\制作化妆美容图书封面.psd。

课堂练习——制作摄影摄像图书封面

【练习知识要点】使用"矩形"工具、"移动"工具和剪贴蒙版制作主体照片，使用"横排文字"

工具和"字符"控制面板添加图书信息，使用"矩形"工具和"自定形状"工具绘制标识，最终效果如图 13-11 所示。

　　【效果所在位置】Ch13\效果\制作摄影摄像图书封面.psd。

制作摄影摄像图书　　制作摄影摄像图书　　制作摄影摄像图书
　　封面 1　　　　　　　封面 2　　　　　　　封面 3

图 13-11

课后习题——制作花艺工坊图书封面

　　【习题知识要点】使用"新建参考线"命令添加参考线，使用"置入"命令置入图片，使用剪贴蒙版和"矩形"工具制作图片的显示效果，使用"横排文字"工具添加文字信息，使用"钢笔"工具和"直线"工具添加装饰图案，使用图层混合模式更改图片的显示效果，最终效果如图 13-12 所示。

　　【效果所在位置】Ch13\效果\制作花艺工坊图书封面.psd。

制作花艺工坊图书　　制作花艺工坊图书　　制作花艺工坊图书
　　封面 1　　　　　　　封面 2　　　　　　　封面 3

图 13-12

13.5　包装设计——制作冰淇淋包装

　　【案例学习目标】学习使用绘图工具、图层样式和文字工具制作包装。

　　【案例知识要点】使用"椭圆"工具、图层样式、"色阶"命令和"横排文字"工具制作包装平面图，使用"移动"工具、"置入"命令和"投影"命令制作包装展示效果，最终效果如图 13-13 所示。

　　【效果所在位置】Ch13\效果\制作冰淇淋包装图.psd。

图 13-13

制作冰淇淋包装 1　　制作冰淇淋包装 2

课堂练习——制作方便面包装

【练习知识要点】使用"钢笔"工具和剪贴蒙版制作背景效果，使用"载入选区"命令和"渐变"工具添加亮光，使用文字工具和"描边"命令添加宣传文字，使用"椭圆选框"工具和"羽化"命令制作阴影，使用"矩形选框"工具和"羽化"命令制作封口细节，最终效果如图 13-14 所示。

【效果所在位置】Ch13\效果\制作方便面包装.psd。

制作方便面包装 1　　制作方便面包装 2

图 13-14

课后习题——制作洗发水包装

【习题知识要点】使用"渐变"工具和图层混合模式制作图片的渐隐效果，使用"圆角矩形"工具和图层样式制作装饰图形，使用"横排文字"工具添加宣传文字，最终效果如图 13-15 所示。

【效果所在位置】Ch13\效果\制作洗发水包装.psd。

制作洗发水包装

图 13-15

13.6 网页设计——制作生活家具类网站首页

【案例学习目标】学习使用参考线、绘图工具、图层样式和文字工具制作生活家具类网站首页。

【案例知识要点】使用"移动"工具添加素材图片，使用"横排文字"工具、"字符"控制面板、"矩形"工具和"椭圆"工具制作 Banner 和导航条，使用"直线"工具、图层样式、"矩形"工具和"横排文字"工具制作网页内容和底部信息，最终效果如图 13-16 所示。

【效果所在位置】Ch13\效果\制作生活家具类网站首页.psd。

制作生活家具类 网站首页 1　　制作生活家具类 网站首页 2　　制作生活家具类 网站首页 3

图 13-16

课堂练习——制作生活家具类网站详情页

【练习知识要点】使用"置入"命令置入图片，使用"圆角矩形"工具、"矩形"工具和"直线"工具绘制基本形状，使用"横排文字"工具添加文字，使用剪贴蒙版添加宣传产品，最终效果如图 13-17所示。

【效果所在位置】Ch13\效果\制作生活家具类网站详情页.psd。

制作生活家具类
网站详情页

图 13-17

课后习题——制作生活家具类网站列表页

【习题知识要点】使用"置入"命令置入图片，使用"圆角矩形"工具、"矩形"工具、"椭圆"工具和"直线"工具绘制基本形状，使用"横排文字"工具添加文字，使用剪贴蒙版添加宣传产品，最终效果如图 13-18 所示。

【效果所在位置】Ch13\效果\制作生活家具类网站列表页.psd。

制作生活家具类
网站列表页

图 13-18

扩展知识扫码阅读

设计基础

认识形体

透视原理

认识设计

认识构成

形式美法则

点线面

基本型与骨骼

认识色彩

认识图案

图形创意

版式设计

字体设计

>>>

设计应用

创意绘画

图标设计

装饰设计

VI设计

UI设计

UI动效设计

标志设计

包装设计

广告设计

文创设计

网页设计

H5页面设计

电商设计

MG动画设计

网店美工设计

新媒体美工设计